創元ビジュアル科学シリーズ❹

NASA's Bees

NASAの
ロボット蜂

偉大な発明でたどるロボティクスとAIの歴史

And 49 Other Inventions
that Revolutionized Robotics & AI
by Robert Waugh

ロバート・ウォー 著
土屋 誠司 訳

創元社

著者　ロバート・ウォー（Robert Waugh）
英国を代表する科学技術ジャーナリストの一人。過去20年以上にわたり、「テレグラフ」「デイリーメール」「ガーディアン」など、数多くの新聞、雑誌、ウェブサイトで、ガジェットやアプリ、ビジネステクノロジーについて寄稿している。

訳者　土屋誠司（つちや・せいじ）
同志社大学理工学部インテリジェント情報工学科教授、人工知能工学研究センター・センター長。主な研究テーマは知識・概念処理、常識・感情判断、意味解釈。著書に『はじめての自然言語処理』（森北出版）、『やさしく知りたい先端科学シリーズ　はじめてのAI』『AI時代を生き抜くプログラミング的思考が身につくシリーズ』（創元社）がある。

翻訳協力　加納 藍（かのう・あい）

NASA'S BEES by Robert Waugh

Conceived and produced by
Elwin Street Productions
10 Elwin Street
London E 2　7 BU
United Kingdom

創元ビジュアル科学シリーズ❹
NASAのロボット蜂
――偉大な発明でたどるロボティクスとAIの歴史

2023年２月20日　第１版第１刷発行

著　者　ロバート・ウォー
訳　者　土屋誠司
発行者　矢部敬一
発行所　株式会社 創元社
〈本　　社〉〒541-0047 大阪市中央区淡路町4-3-6
Tel.06-6231-9010　Fax.06-6233-3111
〈東京支店〉〒101-0051 東京都千代田区神田神保町1-2 田辺ビル
Tel.03-6811-0662
https://www.sogensha.co.jp/
装　丁　濱崎実幸
Japanese edition © 2023 Printed in China　ISBN978-4-422-41428-7 C0350

落丁・乱丁のときはお取り替えいたします。

NASAのロボット蜂　目次

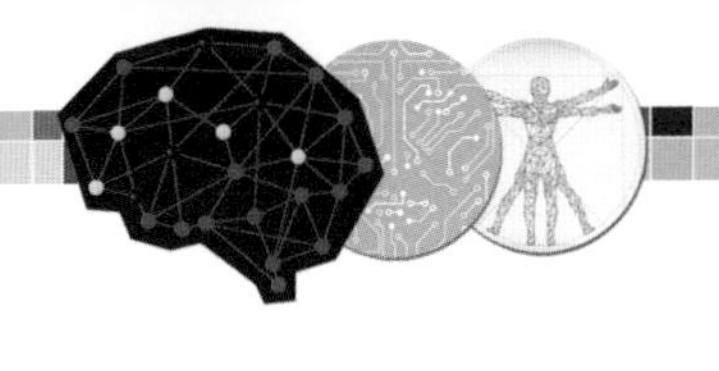

まえがき

私たちは皆、人工知能（AI）に囲まれています。スマートフォンの音声アシスタントに話しかけたり、スマート家電を使ったりするとき、あなたはAIに頼っています。私たちが購入する製品は、ロボットが働く倉庫で効率良く仕分けされています。宇宙開発から外科手術まで、ロボットは、人間にとって危険で難しい仕事を代行してくれます。人類が初めて火星に降り立つとき、その乗組員の何人かは人間ではなく、ロボットになっていることでしょう。

では、私たちはどのようにしてここまで辿り着いたのでしょうか？　本書では、初めて古代の人が人工の召使いを想像した瞬間から、人類の未来を形作る最先端の機械まで、ロボット工学と人工知能に関する約50の節目となるプロジェクトを検証しています。

おそらく最大の驚きは、人類がいかに長い間、機械仕掛けのオートマタや考える機械に夢中になってきたかということです。紀元前4世紀、古代ギリシャの哲学者であるアリストテレスは、自動化された道具が、人間の雑用を代行する未来を想像していました。一方、古代ギリシャの科学者たちは、自動販売機から空気圧や歯車で動きワインを注ぐ人型の「メイド」まで、あらゆるものを設計しました。あるオートマタは、蒸気を動力として使用しており、これは私たちが知っている蒸気が世界を作り変えた産業革命の1,500年も前のことです。

古代中国には、発明家が自動で動く人間のような人形を見せびらかし、王様を困惑させたという不思議な話が書物として残っています。9世紀のバグダッドでは、3人の兄弟が奇妙な装置やオートマタを紹介する書籍を執筆しました。その中では、事前にプログラムされた曲を演奏する、流れる水を動力源としたフルートを演奏する人形も紹介されています。

13世紀のキリスト教神秘主義者であるラモン・ルルは、人々をキリスト教に改宗させるために紙の円盤を回転させる機械を設計しました。

彼は現在、コンピュータサイエンスの「予言者」とみなされています。また、15世紀の博学者であるレオナルド・ダ・ヴィンチは、腕を振る機械仕掛けの騎士やプログラム可能な自動運転カートを設計しました。

産業革命では、ジャカード織機などの機械が現代社会の舞台となりました。この機械で使われていたパンチカードは、計算機の先駆者であるチャールズ・バベッジに影響を与え、20世紀の計算機への道を開きました。1960年代には、アメリカでは年間5,000億枚ものパンチカードが使用されていました。

1898年にニコラ・テスラが行った遠隔操作できるボートのデモンストレーションから、1920年代に初めて路上に登場し、歩行者が命からがら逃げ出した初の無人運転車（ファントムオート）まで、ロボット工学や人工知能は、ここ数世紀の間に急速に発展しているにもかかわらず、多くの先駆者たちのことは意外にも知られずにいます。第二次世界大戦中にアラン・チューリングがエニグマ暗号を解読したことはよく知られていますが、海峡を挟んだ向こう側では、別のコンピュータのパイオニアが、連合国軍の爆撃によって破壊され、ベルリン陥落後まで広く知られることがなかった機械の開発に取り組んでいました。

ロボット工学とAIの最新の革新的な技術は、私たち自身の未来を垣間見せてくれます。NASAの「Astrobee」は、国際宇宙ステーションの微小重力の中を、エアノズルを使って飛行できるキューブ型ロボットです。

2016年にグーグルの「AlphaGo」が、世界で最も古いボードゲームである囲碁で人間最高の棋士を破ったとき、その開発チームは、ルールを教えることなくゲームに勝てるシステムの開発に着手しました。これは、何をすべきか、どのようにすべきかを指示されることなく、現実世界の問題を自力で解決できる人工知能システムにつながる可能性があります。私たちは、SFが現実になりつつある世界に生きています。本書には、それがどのように起こったのかが綴られています。

第1章 ロボットへの夢

紀元前322年～1700年

古代の人々は、金属で「生きている」ように自動で動く物を作る技術が生まれるずっと前から「オートマタ」を夢見ていました。ギリシャ神話には、巨大な青銅製の人造人間や神々の不思議な力によって命を吹き込まれた自動化された機械が登場します。

アリストテレスのような哲学者は、生きているように動く機械によって、奴隷制度が永遠になくなる世界を想像していました。空気力学などの技術により、鳥のように鳴いたり、ワインを注いだりする「オートマタ」が登場し、機械の自動化の基礎が築かれました。

紀元後1世紀以前には、蒸気機関や自動販売機などが発明され、劇場では、神々によって命を吹き込まれたような特殊な機能を持つオートマタが活躍していました。

水や蒸気、空気を動力源として、命のないものがあたかも生きているように動く物があったということは、古代ギリシャの話だけではありませんでした。バグダッドでは、人の兄弟が地球上で初めてプログラム可能な装置を作りました。また古代中国では、歩いたり話したりすることができる人形があるという奇妙な話が伝えられています。

紀元前 **322** 年の研究

- ●研究者……………………………
  アリストテレス
- ●対象領域…………………………
  人造奴隷
- ●結論………………………………
  人間に代わって働く機械を想像した。

人類がロボットを想像し始めたのはいつか？

アリストテレスの突拍子もないアイデア

「オートマタ」(機械人形)という言葉は、紀元前8世紀にホメロスによって書かれたとされるトロイア戦争を舞台にした古代ギリシャの叙事詩である『イリアス』に由来しています。この叙事詩の中で、鍛冶の神ヘーパイストスは、金や銀で作られた人型の召使人形や番犬など、いくつもの素晴らしい機械を作っています。その中でも、最も興味深いものはオートマタと呼ばれる三本脚で動く召使ロボットです。

ギリシャ神話には、他にも「人造人間」が登場します。例えば、ヘーパイストスによって作られたタロースは金属でできた巨大な守護人で、ジェイソンとアルゴナウツがタロースのかかとから巨大な釘を抜いたために、その青銅の体から神の血液である「イコール」がすべて流れ出し、タロースは力尽きてしまいます。この話は、レイ・ハリーハウゼンによって1963年にハリウッドでストップモーション・アニメーション『Jason and the Argonauts(アルゴ探検隊の大冒険)』として公開され、不朽の名作となりました。

しかし現実的には、アリストテレスが奴隷の代わりとなる自動化された機械を考え、そのような機械が社会にどのように適合するかを検討したのは、ホメロスが『イリアス』を書いてから数百年後のことでした。

紀元前384年頃、ギリシャに生まれた哲学者であり科学者でもあるのアリストテレスは、哲学者プラトンに師事し、アレキサンダー大王の家庭教師を務めました。

技術がもたらす自由

古代ギリシャでは、裕福な家庭では少なくとも1人の奴隷を所有するなど、奴隷制度は普通のものでした。そんな中、アリストテレスは、世界中に奴隷がいることを危惧し、代わりとなるものを考えました。

アリストテレスにとって、この考えは大きな意味を持っていました。

もし、それぞれの楽器が、ダイダロスの彫像やヘーパイストスの三脚のように、命令や予測によって自動で演奏することができたら……例えば、シャトルは勝手に織物を作り、ピックはハープを演奏します。そうなれば、経営者には部下は必要なくなり、奴隷も必要なくなります。

これには２つの見方ができます。１つは、このように社会全体がひっくり返る可能性があるというアリストテレスの突飛な考えを嘲笑しようという見方です。もう一つは、労働者や奴隷を解放する技術がいつの日か登場することを期待しようという見方です。

いずれにしても、自動化によって奴隷が解放される日が来るというアリストテレスの考えは楽観的なものでした。例えば、産業革命における機械化では、羊毛よりも綿繊維の方が処理しやすいため、当初は綿がよく使用されていました。そして、アメリカの農園では、綿花の収穫は奴隷が行っていました。

アリストテレスが考えた「人間に代わって働く機械」は、19世紀に機織りの工程を大幅に短縮したジャカード織機などの形で現実のものとなりました（40ページ参照）。

紀元前**400~300**年
の研究

● **研究者**……………………
アレキサンドリアのヘロン
● **対象領域**……………………
オートマタ
● **結論**……………………
ヘロンは、自動で動く人形、劇場、蒸気機関を作り出した。

世界初の役立つオートマタは？

アレキサンドリアのヘロンが生み出したもの

オートマタというアイデアは、鍛冶屋で作られた青銅製の人造人間の神話を持つ古代ギリシャの人々を魅了しました。水圧や水力、蒸気といった技術が登場すると、ギリシャの科学者や作家たちは、金属や木で作られた自動で動く動物から実際の蒸気機関に至るまで、まるで「生きている」ように動く機械を作り出す力を手に入れました。

それらの機械は、歯車やロープを使った機械的な仕組みによって動いており、多くの場合、おもちゃやマジックの域のものでした。

紀元前2世紀には、ビザンチウムのフィロが、ワインと水を自動的にカップに注ぐ人型の「メイド」などを例にしながら空気圧で動く機器について述べています。

しかし、最も多くのオートマタを生み出したのは、西暦70年頃に亡くなったアレキサンドリアのヘロンです。彼は、数学者や幾何学者という肩書を持ちながら、不思議なおもちゃや生きているように動く機械のデザインを大量に書いています（それらの作品の中には、今でも残っているものがあります）。

さえずる鳥

作成された機械自体はあまり残っていませんが、彼の説明やデザインは明らかに実用的で実現可能なものです。例えば、機械仕掛けの鳥の群れが一斉に歌い始めると、金属製のフクロウが振り向いてその光景を見て、じっと動きを止めるというものです。

フィロの初期のデザインを参考にした水圧式のオートマタは、水を満たしたチューブとサイフォンが隠されており、その力を利用して鳥が立っているチューブを回転させることで駆動しています。

鳴き声は、底に水を張った容器に空気を送り込むことで作られています。

彼は、オートマタが「演じる」劇を上演する劇場など、膨大な数の機械について説明しています。それらは、重りや歯車、砂時計のように容器に入った砂を動かすことによる力を動力にして動きます。

劇場では、ロープによって動くオートマタが演じ、打ち上げ花火を使った演出がされていました。酒の神であるディオニュソス神の前の祭壇には火が灯され、神がお付きの動物であるパンサー（ヒョウ）の上にワインをこぼすように、スティックからミルクがこぼれ落ちました。信者は、太鼓の音に合わせて踊ります。オートマタは、太鼓に巻いたロープで引っ張られ、そのロープの長さを変えることで動くタイミングを調整し、さまざまなキャラクターを表現していました。

ヘロンは、ある劇の登場人物であるアテナの動作について次のように説明しています。「彼女は、腰の後ろから１本のロープで引っ張られることでバランスを保っている。そのロープを外し、腰にあるもう一本のロープをくるくると引っ張ることで、彼女を元の位置に戻すことができる」

空気と蒸気

ワインやミルクは空気圧を使って注がれますが、これについてはヘロンの別の著書『Pneumatica』で紹介されています。水流と空気圧を使って、フクロウの鳴き声や自動で動く神話の主人公が作られており、その多くは観客と心を通わせることができるぐらいのものでした。

「台座の上には小さな木が置かれ、その周りには蛇や竜が巻きついている。近くには弓を射るヘラクレスの像が立ち、台座の上にはリンゴが置かれている。誰かが手でリンゴを台座から少しでも持ち上げると、ヘラクレスは蛇に向かって矢を放つ。すると、蛇は威嚇する」とヘロンは書いています。

火をつけると自動的に神殿の扉が開く装置や５ドラクマコイン（「ドラクマ」は古代ギリシャなどで使われた通貨の単位）を入れると水が出てくる自動販売機など、ヘロンの発明品の多くは、神殿で使用されることを前提に作られており、神秘的な演出効果をもたらしました。

ヘロンの発明の中で最も時代を先取りしたものは、

蒸気で駆動する回転球（アイオロスの球）です。ヘロンは「大鍋を火にかければ、球が軸を中心に回転する」と書いています。

蒸気機関がヨーロッパをはじめとする世界中で産業革命をもたらし、輪転印刷機などの発明に道を開くまでには、それから1500年以上の歳月がかかりました（46ページ参照）。

「陛下、あれは私が手がけたものでございます」

しかし、ヘロンが使用した技術は、実は特別なものではなかったかもしれません。ある中国の文献によると、王宮で発明家がオートマタのようなものを見せていた可能性があり、それはヘロンの発明よりも前のものかもしれないのです。

中国の『列子』という書物には、紀元前４世紀の王様とオートマタとの不思議なやりとりが描かれています。「王様は『あなたと一緒に来たあの男は誰だ？』と尋ねた。『陛下、あれは私が手がけたものでございます。歌も歌えますし、演技もできます』。王様は驚いてその人形を見つめていた。それは、誰が見ても生身の人間としか思えないほどで、頭を上下に動かしながら早足で歩いている。職人があごを触ると、完璧な音程で歌い始めた。また、手に触れると、完璧なタイミングでポーズを取り始めた」。

この話には、明らかにフィクションの要素が含まれています（王様は、オートマタの創作者に腹を立て、目の前でオートマタを解体させ、内臓を取り除くことでオートマタが感覚や能力を一つずつ失っていく様子が描かれている）。しかしこれは、古代中国にどのようなオートマタが実在したのかという興味深い疑問を投げかけています。

紀元前３世紀の記述には、皇帝のために機械式のオーケストラが作られたことが記されており、唐の時代（紀元７世紀から10世紀）には、魚を捕るカワウソや物乞いをする僧侶などのオートマタが宮廷で人気を博していました。

中国のオートマタもギリシャのオートマタも、18世紀にヨーロッパで流行したオートマタや日本の江戸時代のからくり人形より千年以上も前に作られたものですが、その後数世紀に渡ってアニメーションで使われることになる技術の簡易版を示したものでした。

機械は人類の未来を予測できるか？

「アンティキティラ島の機械」はどのようにして天体を計算していたのか

紀元前 **100** 年の研究

●研究者……………………………
不明
●対象領域…………………………
天文計算
●結論………………………………
古代ギリシャ人の日食などの予測に役立った装置。

1900年、船長のディミトリオス・コントスは、春の嵐を船で待っている間に、天然のスポンジを海中で集める潜水士達をギリシャのアンティキティラ島の海岸へ作業に送り出しました。潜水士のイリアス・スタディアティスは「お宝の山だ！」と言いながら、ブロンズ像の腕を持って海面に上がってきました。

彼は、紀元前１世紀の貿易船の難破船を発見しました。引き上げられた財宝の中には、古代の歯車が詰まっている石灰化した塊がありました。「アンティキティラ島の機械」の謎に匹敵する古代の物はほとんどありません。引き上げられた一握りの部品を基に、120年の歳月をかけてゆっくりと復元されました。「世界初のコンピュータ」とも言われるこの不思議な時計仕掛けの装置は、今ようやく完全に解明されようとしています。

この発見の大きさに研究者らが気づくまでには長い時間がかかりました。装置内の複雑な歯車の動きは、古代の時代から1000年後に最初の大聖堂の時計が作られるまで、まったく解明することができませんでした。

「アンティキティラ島の機械」を研究しているさまざまな研究チームを集めた「アンティキティラ島の機械研究プロジェクト」によると、当初、熱狂的な研究者らがその複雑さを誇張して語っているのではないかという懸念から、その凄さがやや見過ごされていたと言います。しかし、実際にはそうではありませんでした。

時計仕掛けのように

この発見には疑問がありました。なぜ今までに似たようなものが見つからなかったのか？　また、実際にこの装置にはどのくらいの機能があるのか？　研究者たちは、この装置の機能が天文学に関係していることはわかっていましたが、それが何であるのかを解明するのには何十年もかかりました。

この装置は、古典学者から天文学者、コンピュータ科学者に至るまでさまざまな研究者を魅了し、その仕組みを理解しようと、不完全にしか残っていない機構から本来あったであろう機構を考えながらいくつものレプリカが作られました。

この装置には、史上初の科学的な文字盤と30個の歯車があることが、X線調査により発見されました。青銅板で作られたこの装置には、ギリシャ語の碑文が刻まれており、一種の天文暦として使われていたことがわかりました。

中央の（失われている）シャフトが大きなメインギアを回転させており、１回転が太陽暦の１年と一致すると考えられています。大きな文字盤には太陽と月の位置が表示され、月の満ち欠けを表すボールが付いています。この装置によって、古代の人々は日食などの天文現象を予測することができたと考えられています。

唯一の出土品

「アンティキティラ島の機械研究プロジェクト」によると、この装置に似たようなものが現存していない理由はいたって単純だと言います。当時の青銅は、価値が高いだけでなく、リサイクル性も高く、貨幣としても使われていました。そのため、現存する古代青銅の出土品の多くは、難破船などの水中で発見されたものなのです。なぜなら、金属が溶かされて別のものに再利用される可能性がなかったからです。

研究者たちは、おそらく他にも似たような装置があったと信じています。現存するギリシャ語の文献には、他の複雑な装置についての記述があり、その機構には製作時に設計を変更した形跡がないことから、製作者は似たような装置を製作した経験があったのではないかと考えられています。

この装置のレプリカには、Apple社のエンジニアであるアンディー・キャロル氏がレゴを使って製作したものもあります。キャロル氏のレプリカは、（レゴ自体の制限により）まったく同じ機構ではありませんが、その機能は非常に似ているとキャロル氏は考えています。

「これはアナログコンピュータで、プログラムを実行することはできません。『アンティキティラ島の機械』も私が作ったレゴ版も、単純な機械式コンピュータです。ある速度でクランクを回すと、特定の意味を持つように調整された速度で、すべての車輪が別々に動きます。この場合、天体の周期を予測できるように、速度が調整されています」とキャロル氏は言います。

装置の復元

キャロル氏によると、この装置のアナログ的な計算能力は、第二次世界大戦中に距離を計算するために戦艦で使われた機械の性能に似ていると言います。また、ロンドンの科学博物館のマイケル・ライト氏をはじめとする他の人々も、この装置の部分的なレプリカを自作しています。2021年には、ユニバーシティ・カレッジ・ロンドン（UCL）のチームが初めて装置の前部を動かす歯車の仕組みを復元しました。2005年に行われたX線による研究によって、この装置が日食の予測や月の動きを計算できることが明らかになっていました。しかし、UCLのチームは、X線調査で発見された碑文を参考に、小さな玉で惑星を表現し、その惑星がリングの上を移動することで天体を表現することを復元しました。また、哲学者パルメニデスが記した古代ギリシャの数学的手法を用いて、この装置が金星の462年周期と土星の442年周期を正確に表していたことを突き止めました。

機械工学のトニー・フリース教授は「我々のモデルは、すべての物理的証拠に準拠し、装置本体に刻まれた科学的な碑文の記述と一致する初めてのモデルです。太陽・月・惑星は、古代ギリシャの力作として見事に表示されています」と述べています。

研究チームは今後、当時の職人が使用していたであろう道具を使って、装置を復元したいと考えています。しかし、「アンティキティラ島の機械研究プロジェクト」をはじめとする多くの研究者は、この装置にはまだ発見されていない謎があると考えています。

800~873 年の研究

● 研究者……………………………
ジャファル・ムハンマド・イブン・ムーサ・イブン・シャキール、アフマド・イブン・ムーサ・イブン・シャキール、アル・ハサン・イブン・ムーサ・イブン・シャキール

● 対象領域……………………………
オートマタ

● 結論……………………………
何世紀も前に、プログラム可能なフルート演奏ロボットを開発した。

ロボットは音楽を奏でることができるか?

バクダッドで始まったプログラミング音楽革命

紀元９世紀のバグダッドは、地球上で最も豊かな都市であり、カリフが最盛期のローマ帝国をしのぐ大帝国を支配していました。また、この都市は世界で最も偉大な科学の中心地となっていました。イスラムの科学者たちは、医学、天文学、化学、数学（代数という言葉〈英語で「アルジェブラ」〉はアラビア語の「アル-ジャブル」に由来する）の分野で飛躍的な進歩を遂げました。

当時のこの地域における多くの発明の中には、何世紀も後のロボットの能力を予見させるものも含まれていました。バグダッドのバヌ・ムーサ兄弟は、世界初のプログラム可能な装置を開発しました。それはメロディーやテンポを変えることができる音楽プレーヤーでした。

カリフの法廷

この兄弟は、強盗から天文学者（兼エンジニア）に転身したムーサ・ビン・シャキールの息子でした。父親同様、兄弟はカリフの法廷の常連で、ライバルとの政治的な駆け引きも厭わなかったと言われています。兄弟の名前の由来は、幾何学と天文学を専門とするジャファル・ムハンマド、幾何学を専門とするアル・ハーサン、そして機械工学を専門とするアフマドから来たものでした。バヌ・ムーサ兄弟は、しばしば数学や天文学の本を共著として執筆しました。

父親の死後、カリフであるアル・マームーンが後見人となったことで、彼らは頭角を現しました。アル・マームーンは、アレクサンドリア図書館以来の最も大きな総合図書館と言われる「知恵の館」を設立し、天文台を建設しました。カリフは、兄弟を「知恵の館」に呼び寄せ、緯度の測定などの課題を与えました。すると、彼らは砂漠に行って、見事な精度でそれを測定したのでした。

科学史家のジャマール・アル・ダバーグは『科学人名辞典』の中で「バヌ・ムーサは、ギリシャの数学について研究し、アラビアの数学学

派の基礎を築いた最初のアラビア人科学者の一人である。彼らはギリシャ数学信者だと言われるかもしれないが、古典的なギリシャ数学から逸脱した彼らの考え方は、いくつかの数学的概念の発展にとって非常に重要であった」と述べています。

バヌ・ムーサ兄弟は、面積や体積の測定、太陽や月の観測、１年の長さの測定などで画期的な成果を上げました。20を超える著作があり、その中には現在も残っているものもあるにもかかわらず、この兄弟が有名たる所以は、それらの成果ではなく、彼らが考案した素晴らしい機械仕掛けの装置にあります。

独創的な装置

彼らの最も有名な作品は「からくりの書」です。それには、２つの液体を混ぜずに注ぐと、２つの液体が混ざることなく再び別々に取り出すことができる水差し（これは、水差しの中の隠された部分が別々に区分けされた構造なっていることによって実現されています）など、不思議なことが起こるさまざまな「トリック」を有する水差しについて説明されています。

その500年後、アラブの歴史家イブン・ハルドゥンは「本当に驚くべき著しく素晴らしい機械仕掛けについて書かれている機械学の本がある」と書いています。

ほとんどの装置はおもちゃとしてデザインされたものですが、著書で紹介されている100点の物の中には、水中で物を拾うためのマジックハンドや井戸の中の汚い空気を取り除くためのジャバラ式の装置など、実際に使えるものも含まれています。

また、公衆トイレの流し台の節水機能と同じように、水を計量して出すという奇跡的に素晴らしい発明もありました。このように、古代ギリシャの作家たちが考えたテーマに沿ったものもあれば、新しいものもありました。

音楽を奏でよう

しかし、バヌ・ムーサ兄弟が発明した音楽機器は、驚くべき革新性を持っており、最初の音楽シーケンサー（現在のエレクトロニック・アーティストが使用しているものに似ている）であり、最初のプログラム可能な機器として認識されています。

西暦875年頃に作られたとされるこの機械は、一定の水流を動力源として、連続して曲を演奏できるように設計されています。また、人間のフルート奏者のように指で管楽器を演奏するように作られています。

「どんな旋律でも連続して一体で演奏できる音楽演奏ロボットがどのようにして作られているのか、また、好きなように旋律を変えることができる仕組みを説明したい」と兄弟は記しています。

オートマタの内部には、水の流れを利用して空気をフルートに送るための隠された空間があります。これは、ギリシャや中国のオートマタでも管楽器を演奏していたことから独創的な仕組みではありません。しかし、以前のオートマタは、単に同じパターンを繰り返すだけでした（あるいは、多くの場合、空気がパイプの中を勢いよく流れることで音を鳴らしていました）。

兄弟の作品は、人形としては異次元のレベルのものでした。同じような仕組みとして、のちに子供用のオルゴールに使われるようになった水流によって動くピンバレル機構（シリンダー式オルゴール）があります。

重要なのは、ディスクを変えたり、プログラムしたりすることで、兄弟が音楽のメロディーやテンポを変えることができたことでした。これは、世界初のプログラム可能な機器であり、最初のコンピュータの祖であると言われています。実際、専門家らは、兄弟が開発したフルート演奏ロボットの指のように、一連の命令で音楽を演奏するシーケンサーに匹敵する音楽機器が登場したのは、20世紀に入ってからだと指摘しています。９世紀のバグダッドにあったフルートを演奏するオートマタは、コンピュータ音楽の全分野の祖であると言われています。

思考は機械化できるのか？

1200~1300
年の研究

●研究者……………………
ラモン・ルル
●対象領域…………………
思考の自動化
●結論………………………
「機械的」に考える世界初の方法であり、後の科学者に大きな影響を与えた。

ラモン・ルルの「ボルベル」が思考を自動化した方法

13世紀のキリスト教神秘主義者と21世紀のコンピュータ科学者との間に、どのような共通点があるのでしょうか？あまりイメージがつかないかもしれません。しかし、1232年にマヨルカ島に生まれ、1315年にチュニスで（キリスト教に改宗しようとしたイスラム教徒が投げた石が当たり）亡くなった小説家で詩人のラモン・ルルは、今日の多くのコンピュータ科学者にインスピレーションを与えていると言われています。

ルルが30歳の時、下品なラブソングを作曲しているときに、十字架に張り付けられたイエスによる神秘の体験をしたとされています。これが転機となり、以後、北アフリカなどに赴き、現地の人々をキリスト教に改宗させようと宣教活動に励みました。

ルルは、カタルーニャ語の普及や数百年先を見据えた選挙に関するアイデアで有名です。奇しくも、現代のコンピュータ科学者に慕われている彼の文章は、実はイスラム教徒をキリスト教に改宗させるために作られた論理的なツールでもありました。

考える機械

ルルは、イスラム教徒をキリスト教に改宗させようとしても、公開討論会ではうまくいかないことに気づきました。人々を改宗させるためには、神の真理を証明し、それを生み出すことができる機械を開発する必要があると考えました。

ルルは、回転させることができる円状の紙をセットできるボルベルという機械を使っていました。その詳細は、彼の哲学書『Ars Magna Generalis Ultima（大いなる究極の一般術）』に記されています。ボルベルはルル独自のものではありませんが、その紙の機械の使い方はルル特有のものでした。

ルルは、アラブの占星術師が予言を導き出すために使っていた「ザイジャ」と呼ばれる占星術の道具を参考にして、「考える機械（ルルスの円盤)」を考案したと考えられています。

ルルの論理的な機械の目的は、ランダムに組み合わせることができるようにさまざまな思考を分割・分類し、円状のディスクを回転させることで、それらのあらゆる組み合わせを生成することでした。外側の円盤には9つの神の名前を、内側の円盤にはそれぞれの神の属性が書かれていました。

学術論文「Constructions Both Sacred and Profane(聖なるものと俗なるものの構造)」を執筆した研究者のスザンヌ・カー氏は、その中で「9つの文字の組み合わせによる3層構造のこの機械を適切に使用すると、すべての創造や未来についての質問にも、また、宗教的な議論を解決するための質問にも答えることができる」と述べています。ルルは、機械を回転させることで、自由に連想を再現し、神からのお告げを自動的に導き出すことができます。ボルベルには神の名前や属性が文字で表現されており、(中心を同じ回転軸とする)3枚のディスクのそれぞれの位置関係から予言としてそれらの組み合わせを読み解くことができます。

それまでのルルのアイデアでは、占い師が予言を書き込むことができる木構造の図を使うことを提案していましたが、回転するディスクによって自動化という要素が加わり、後の預言者らに影響を与えました。

予言を紡ぐ

思考を機械で表現するという発想は画期的なものでした。また、ルルは、星の位置を利用して夜間の時間を計算する「Night Sphere(夜の球体)」と呼ばれるボルベルを(医者が正しい時間に薬を投与できるようにするために)作成しました。このような円盤型の機械は、日付や天文現象の計算にヨーロッパ全土で使われました。

このボルベルを使って思考をつなげるというルルの発想は、現代のコンピュータの最初の祖の一人である17世紀のドイツ人発明家で博学者のゴットフリート・ヴィルヘルム・ライプニッツに多大な影響を与えました。

ライプニッツはわずか20歳で「On the Combinatorial Art（結合術論）」という論文を発表し、人間の思考は記号で表現できる単位に分解することができると提唱しました（これをライプニッツは「人間の思考のアルファベット化」と呼びました）。

彼は、どんな質問にも答えられ、どんな議論も解決できるような論理計算機（「思考できる偉大な機械」）を作りたいと考えていました。

ルルのアイデアの具現化

ライプニッツは、彼のアイデアを「ルルの夢が実現した」と表現しました。これは、ルルが現代のコンピュータサイエンスの父として見られていることを意味しています。「もし論争が起こったとしても、２台の計算機があれば、二人の哲学者による論争は必要ないだろう。鉛筆を手にしてそろばんの前に座り、（望むなら助けを求めた友人も含めて）お互いに『計算しよう！』と言うだけで十分である」と彼は書いています。

「Calculemus!（計算しよう！）」というライプニッツの有名な掛け声は、機械が人間の問題を解決する未来を楽観的に捉えていたことを物語っています。彼は、数学者が数における問題を解決するのと同じように、機械が哲学的、宗教的な問題を簡単かつ正確に解決し、それが「普遍的なツール」になることを望んでいました。

彼は1671年に、歯車を使って掛け算ができる計算機を作りました。これは「Step Reckoner（ステップレコナー）」と呼ばれ、足し算を繰り返すことで掛け算を実現するものでした。この「ステップレコナー」では２進法は使われていませんでしたが（現在のほぼすべてのコンピュータは２進数で動いています）、ライプニッツは２進法の使用を提唱し、真空管やトランジスタではなく物理的なものを使って２進法で計算する機械を想像していました。

ラモン・ルルのアイデアは、13世紀には想像もできなかった技術を予見させるものでした。ライプニッツのおかげで、彼は今日、「コンピュータ科学の予言者」と称され、精神的ではなく機械的な方法で論理的な推論を行うことを想像した初めての人として崇められています。

1495年の研究

- ●研究者……………………………
  レオナルド・ダ・ヴィンチ
- ●対象領域…………………………
  オートマタ
- ●結論………………………………
  機械的なオートマタ（ならびに、プログラム可能な装置）の開発。

空想の産物か、実現可能な科学か？

レオナルド・ダ・ヴィンチの「自動化」実験

モナリザを描いたレオナルド・ダ・ヴィンチの壮大な創造性は、何千ページものノートにも表れていました。そのノートには、翼のついた飛行服やプロペラの代わりにネジのようなスクリュー状の推進装置を使った奇妙なヘリコプターなど、驚くべき発明品が記されていました。

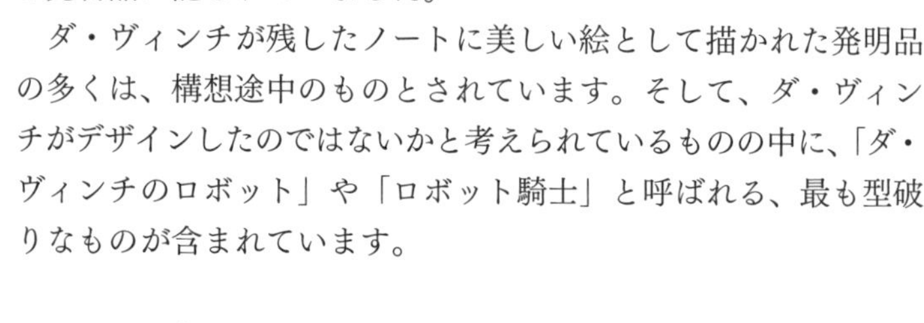

ダ・ヴィンチが残したノートに美しい絵として描かれた発明品の多くは、構想途中のものとされています。そして、ダ・ヴィンチがデザインしたのではないかと考えられているものの中に、「ダ・ヴィンチのロボット」や「ロボット騎士」と呼ばれる、最も型破りなものが含まれています。

ルネッサンスの男

1452年にフィレンツェ共和国で生まれたダ・ヴィンチは、画家、彫刻家、建築家、技術者として名を馳せた真の博学者でした。公証人の私生児であったダ・ヴィンチは、14歳で学校を去り、フィレンツェを代表する画家アンドレア・デル・ヴェロッキオのアトリエ助手になります。彼は芸術の訓練は受けましたが、ラテン語を学ぶ機会はなく、学校では数学しか学びませんでした。後年、彼の科学的知識は、主に彼自身の観察によって得たものでした。ダ・ヴィンチは優れた製図家であり、芸術のために人体生理学を学び、その知識を機械に応用しました。

彼が考案した機械的な発明の多くは、明らかに戦争を意識したものでした（彼は、ダイバーが敵の船の下に潜り、その船体に穴を開けることを目的として潜水服を発明しました）。他にも、28丁の銃が突き出た重厚な装甲フレームを兵士が担ぐ（４世紀も前に実際の戦争に使われることを予見した）装甲戦車のデザインもありました。ゆえに、彼の人型ロボットが重装甲の騎士の形をしていても何の不思議もありま

せん。
その後、ダ・ヴィンチは、「最後の晩餐」の作成を依頼されたルドヴィーコ・スフォルツァ公爵のために、画家兼エンジニアとしてミラノに移り住みました。パトロンであったスフォルツァ公の下で彼は、ケーブルで制御して、腕を振ったり、口を開閉したりできる機械の「騎士」を考案しました。それは、鎧を着たゲルマン（ドイツ）の騎士のように見えました。ただ、実際にダ・ヴィンチがそのロボット騎士を作ったかどうかは定かではありません。

騎士の動き

一説によると、このロボット騎士は作られただけではなく、スフォルツァが祝賀会の一環として、おそらく彫刻庭園の一部として披露されたものではないかと言われています。NASAやロッキード・マーチンのデザインを手がけたロボット工学者であり、ダ・ヴィンチのスケッチの熱心な収集家であるマーク・ロスハイムは、ダ・ヴィンチがその騎士をただ単に作ったということだけではなく、そのデザインは現在でも通用するものだと考えていました。1990年代、ダ・ヴィンチの詳細な人体の図面を参考に、彼は、NASAからの依頼で人体の関節や筋肉を模した「アントロボ」を5年間の歳月を費やして設計しました。「ダ・ヴィンチの図面にはケーブルのような筋肉が描かれており、人体を模したロボットを作るのに役に立った」と彼は言います。
ロスハイムも、このロボット騎士が完全に機能している（そして、再現することもできる）と考えていました。彼はインタビューの中で、このロボットについて「座って、腕を振り、柔軟な首を使って頭を動かし、そして、解剖学的に正しく顎を開閉できる。おそらく、ドラムなどの自動演奏楽器を伴奏に音を出すこともできる」と語っています。
2002年にBBCからこのロボットの再現を依頼されたロスハイムは、予測通りに腕を動かすことができるロボット騎士の実働モデ

ルを製作しました。

ロボットのライオン

他の芸術家の中にも、ダ・ヴィンチのスケッチブックに描かれたオートマタを再現した人がいます。2009年には、ベネチア生まれのオートマタデザイナー、レナート・ボアレットによってライオン型のロボットが制作されました。機械仕掛けのライオンは、高さは1メートル以上、長さ2メートルで、口を開け、尻尾を振り、歩き、咆哮するように動くことができます。この作品は、ダ・ヴィンチがデザインしたとされる3体のライオンのデザインに基づいていました。ボアレットは、ダ・ヴィンチの膨大な時計に関する研究を基に、歯車と滑車を使って、時計仕掛けのおもちゃのように巻き上げる機構を活用しました。

ロスハイムは、ダ・ヴィンチのライオンのような機械が、2世紀後のジャック・ド・ヴォーカンソンのアヒル（41ページ参照）のように、オートマタの展示に使われたのではないかと考えています。

自動運転カート

しかし、ロスハイムは、ダ・ヴィンチの自動化における試みは、人型ロボットにとどまらなかったと考えています。彼は、ダ・ヴィンチのもう一つの有名な機械の図面も調べました。それは自走式カートであり、現代の自動車の祖と言われる、バネで動く乗り物です。

しかも、ロスハイムは、そのカートの図面には描かれていないからくりがあり、プログラム化ができることを発見しました。ダ・ヴィンチの考えはさらに先見性のあるものであると彼は考えています。

からくり人形の仕組みは？

1600 年代の研究

●研究者
竹田近江
●対象領域
時計仕掛けの人形
●結論
日本の人々は機械仕掛けの「ロボット」を家に迎え入れた。

からくり人形からわかる日本のロボット愛

真っ白な顔をした人形が、お茶をお盆に乗せて、車輪を使って前に進んで行きます。客が茶碗を手に取ると、人形は止まってじっと待ち、空になった茶碗をお盆に乗せると、人形はうなずくように頭を動かしながら礼儀正しく向きを変えて歩き出します。

お茶くみロボットは日本独自の発明で、何世紀にもわたって舞台や裕福な家庭で目新しいものとして使われてきたからくり人形の一つです。

からくり人形は、江戸時代（1603〜1868年）に日本の職人が西洋の時計製造技術を研究して、奇妙でリアルな人形を作ったのが始まりです。最初は劇場の舞台で使われました。

からくり人形が何世紀にもわたって人気を博してきたことは、日本人のロボット愛を説明するのに役立つと思われます。ロボット技術のパイオニアである山海嘉之は、「日本の人々は欧米の人々よりもロボットを楽観的に見ている」と語っており（145ページ参照）、ロボット犬の「アイボ」や歩行ロボットの「アシモ」のような民生用ロボットの革新的な技術は、日本の企業から生まれています。

人類学者のジョイ・ヘンドリーは、日本の文化史をまとめた「Japan at Play」の中で「からくり人形は今日、日本の産業界で活躍しているロボットの原型である。日本人はからくり人形から機械を自由に制御し、使いこなす方法を学んだと言えるだろう」と記しています。

時計から

からくり人形の歴史は、16世紀にイエズス会の宣教師フランシスコ・ザビエルが、周防の守護大名である大内義隆に献上した日本初の時計にまでさかのぼります。日本の職人たちは、あっという間に時計の技術を習得し、応用して、自分たちが想定する目的のために利用しました。

大阪の実業家であり興行師でもあった竹田近江は、大阪の道頓堀の歓楽街の舞台で、ストッパーや歯車などの時計仕掛けを使って人形を動かし、パフォーマンスを行っていました。そこには、運河の水を動力源とし、空中ブランコで逆立ちをする凄い人形が出演していました。

作家の井原西鶴は、竹田の作品のことを「車輪のついたゼンマイ仕掛けで動く機械人形で、縦横無尽に動くことができるものを作った。その人形は茶碗を持っている。目、口、足の動き、腕を伸ばす動き、お辞儀をする仕草など、驚くほどリアルである」と絶賛しています。

その人形は大阪の名物となり、からくり人形を使った興行は、竹田家に代々引き継がれていきました。「竹田からくりを見に行かなければ大阪を見たことにはならない」と言われたほどのものでした。

「東」対「西」

武田一座は、1741年に江戸を訪れ、1757年に大阪に戻ってきています。最初の演目は「胎内での十か月」と題され、生後3ヶ月の赤ちゃんの人形が出演し、笛を吹いたり、舞台上でおもらしをしたりしました。これは、18世紀のフランスでジャック・ド・ヴォーカンソンが制作した「おもらしするアヒル」に似ています(41ページ参照)。武田一座の舞台では、他にも神や悪魔、骸骨などの人形が出演します。からくり人形の動きは、日本の伝統的な演劇における役者の様式化された動きに影響を与えたと考えられています。

しかし、からくり人形は、舞台の上だけのものではありませんでした。宗教的な祭りの際には、より大きなからくり人形が山車の上に設置されました。また、座敷からくりは、お金持ちが客をもてなすために作られたもので、大名や高官の人々が宴会の出し物としてお披露目していました。

中でも人気があったのは、時計仕掛けと隠した車輪を使って客にお茶を出し、主人の元に戻ってくる「茶運び人形」でした。客にお茶を持っていく前に茶運び人形が前進する距離を設定できるという仕掛けも人気でした。からくり人形で使われている歯車は、職人が木で手作りしたものが多く、ゼンマイは伝統的に、鯨の髭で作られています。鯨の髭は、口の中で食べ物をろ過するために剛毛で櫛のようになっています。マニア的な視点では、金属やプラスチック製のバネを使った現代のからくり人形では、伝統的なからくり人形のような微妙な動きを再現できないと言われています。

湧き上がる生命力

からくり人形の生みの親と今日の日本のハイテク産業とは直接的に繋がっています（日本は1960年代のアメリカ合衆国で開発された産業用ロボットである「ユニメート」を最も熱心に導入した国のひとつです。〈96ページ参照〉）。

後に東芝となる企業の創業者である田中久重は、10代の頃にからくり人形（矢を射る人形や手紙を書く人形など）を作ったことで有名であり、その後、照明などの技術革新を行い、「日本のトーマス・エジソン」と呼ばれました。

彼は、1799年に生まれ、水圧や重力、空気圧を利用した機械式のからくり人形を製作しました。「弓曳童子」と呼ばれる人形は、13本の糸が取り付けられたレバーと12個の可動部からなる時計仕掛けで動き、４本の矢を拾って的に射るが、１本は必ず外れるようにプログラムされていました。田中は自分の人形を持って全国を回り、それなりに有名になりました。その後、東京に移り住み、政府の電信システムを開発しました。

現在、からくり人形は、展示会や観光客向けの展示として披露されています。また、ロボットによる受付や介護施設で働くロボット、サイバーダイン社（146ページ参照）のような先駆的なロボット技術企業など、日本はロボットを歓迎するという独特の文化を持っています。日本政府はロボット工学に多額の投資をしてきました。「ジャパンタイムズ」は最近、高齢化が進む日本では、労働力として「移民ではなく自動化」を望んでいると指摘しています。

第2章　産業と自動化

1701年～1899年

産業革命の黎明期には、アイデアと最初の「自動化」された機械の双方から革新が起きました。可動部を備えた最初の農機具から、見た人が絵画と見間違うほど緻密な絵を織り上げる織機まで、機械は「プログラム可能」になり、パンチカードで制御するコンピュータ式のジャカード織機などの新しい発明は、ナポレオンがフランスからの輸出を禁止するほどの価値を持つようになりました。

トーマス・ベイズのような先見の明のある人物は、1世紀以上後の

ロボット工学において重要となる確率に関するアイデアでデータサイエンスの基礎を築きました。一方、発明家のチャールズ・バベッジは、彼が生きている間には作られることがなかった2つの計算機の実現を夢見、彼の共同研究者であるエイダ・ラブレスは、バベッジのまだ存在していない機械のために最初のコンピュータプログラムを書きました。

1701 年の研究

● **研究者**…………………………
ジェスロ・タル
● **対象領域**………………………
農業の自動化
● **結論**……………………………
可動部を持つ最初の農業機械を開発した。

種まき作業を効率化するには？

ジェスロ・タルの種まき機がもたらした新境地

8世紀に作られた馬が引く種まき機は、現代人の目には、自動化の時代の幕開けとなる最初の火種になるような装置には見えません。しかし、イギリスのバークシャー州ハンガーフォード近郊の農場で初めてテストされたこの奇妙な仕掛けの種まき機は、農業を永遠に変えることになります。そして、指示通りに動く機械への道筋を付けました。

地元の農家であるジェスロ・タルは、「農業界の偉大な革命者」と評され、彼の発明は産業革命のさらなる革新への道を切り開きました。

彼の発明した種まき機は、可動部のある最初の農業機械であり、作業効率の向上と省力化を実現しました。しかし、タルは農業に関して非常に奇抜な考えを持っていたため、彼の発明に関して反対する者も多くいました。

夢物語

1674年に生まれたタルは、パイプオルガンを学び、弁護士としての訓練を受けた後、家業の農場に戻りました。農場の効率の悪さに不満を感じた彼は、省力化のために種まき機を発明しました。この機械が発明されるまで、種はすじ状に掘った溝のある畝に向かって手作業で無造作に撒かれており（「ドリル播き」と呼ばれる）、無駄になる種が多くありました。

タルは労働者に、規則正しく間隔をあけて種を植えるように指示しましたが、彼らは新しい作業の仕方を学ぼうとはしませんでした。ジョン・ドナルドソンは、1854年に出版された『農業伝記』の中で、タルの発言として、「新しい事業にはつきものの困難を経験した。古い道具は使いにくく、労働者は下手でやる気がなかった」と書いています。

1701年に、タルは労働者に非常に不満を抱き、代わりに作業をしてくれる機械を発明しました。解体されたパイプオルガンからヒントを得た彼の種まき機には、漏斗状になった種を入れておく部分から種を

送り出す回転シリンダーがあり、機械の前部に設置された鋤で掘った溝に、そこから種をまっすぐ落とします。そして、機械が通過すると、後部に設置された鍬が自動的に種の上に土をかぶせてくれました。

タルの発明は、最初は一人で一列に種を播くための装置でしたが、馬に引かせて均一に三列に播くように改良が加えられました。「種まき機では、種はすべて同じ深さに播かれ、他のものより深くもなく、浅くもない。深く埋もれたり、土を被せ忘れたりする危険性がないので、それゆえに手当をする必要はない」と彼は書いています。

繁栄期

この発明により、これまで使用していた種の3分の1を節約することができ、彼の農場は順調そのもので、より収益性の高いものとなりました。しかし、ドナルドソンは、この新しい技術を採用することに労働者が消極的であったことを指摘し、「新しい考えを取り入れることに気が進まない労働者たちは、古い道具で怠惰な作業を続けるために、新しい道具を壊してしまうだろう」と言っています。

また、タルが発明した馬が引く機械式の鍬は、作物の間に生えている雑草を取り除くのに役立ち、農地の効率をさらに高めました。

彼はフランスとイタリアを旅行し、ブドウ園で使用されている栽培

方法に感銘を受けました。ブドウ園では、ブドウの木の列の間の土を崩して、植物に水を行き渡らせたり、使用する肥料を減らしたりしていました。

奇抜なアイデア

刺激を受けたタルは、1731年に『Horse-hoeing Husbandry Or、An Essay on the Principles of Vegetation and Tillage（馬を使った農業、植生と耕作の原理）』という本を出版しました。内容は、新しい栽培方法を紹介するものでした。しかし、種まき機のような賢明なアイデアと、土そのものが植物の栄養となり、肥料は必要ないという馬鹿げた考えとが同居していたため、彼の考えにはかなりの反発がありました。タルは、土壌が十分に分解されている限り、土壌が植物に「栄養を与える」と信じていました。 しかし、それは完全な間違いでした。

彼は、次のように書いています。「あらゆる種類の糞や堆肥には、土壌と混ざると発酵する物質が含まれている。その発酵によって土を溶かしたり、崩したり、非常に細かくしたりする。これが糞の主な、そしてほとんど唯一の用途である」。肥料は必要なく、土を砕くだけで十分だという間違った考えは、彼の著書で一貫して主張されています。

タルは1741年に亡くなりましたが、彼のアイデアは良くも悪くも生前は広く受け入れられることはありませんでした。彼の種まき機は、1800年代にはほとんどの農家にとって高価すぎるものでしたが、次の世紀には他の人々によって改良されました。19世紀に、ジェームズ・スミスとその息子たちが、新しい鋳造技術を使ってより安く、より効率的なタルの種まき機を製造し、ヨーロッパ全土に輸出しました。

タルの農業に対する「科学的」なアプローチも大きな影響を持っていました。ドナルドソンは次のように書いています。「タルの名は、英国の農業が誇りを持って認めることのできる最大の恩人とまではいかないまでも、最も偉大な著名人の一人として後世に語り継がれるだろう。彼の実績は、教育を受けた人が土壌改良に関心を向ける大きなきっかけを与えている」

次に何が起こるのか？

ベイズの定理で未来を予測する方法

1763年の研究

●研究者……………………
トーマス・ベイズ
●対象領域……………………
確率
●結論……………………
ベイズの定理では、前に起こったことから次に起こることを予測できる。

次に起こりそうなことをどうすれば導き出すことができるでしょうか？　なんと、今日の我々の確率についての考え方は、神の存在やイエスの復活のような奇跡を信じることが合理的であるか否かについて、18世紀の聖職者たちが行った議論によって形成されました。

トーマス・ベイズが提唱した「ベイズの定理」は、過去のデータに基づいて結果を予測するというもので、機械学習から新型コロナウイルスの検査まで、あらゆる分野で利用されています。ベイズの定理が優れているのは、間違ったデータや不確かな観測値などの雑音となるデータがあることを想定し、すべての変数に基づいて確率を算出することにあります。

ベイズの定理は、過去の試行における発生頻度に基づいて、未来の試行での発生頻度を算出するという簡単な手法です。この定理は、金融や新薬の開発など多くの分野で使われており、人工知能の時代になってその重要性がより増しています。

ベイズは、1702年にロンドンで生まれた数学者であり、長老派の牧師、神学者でした。彼は、生涯にわたって微積分の研究に従事し、王立協会の会員でもありました。彼の最も有名な作品である『偶然論における一問題を解くための試論』は、1763年に友人であるウェールズの哲学者で数学者のリチャード・プライスによって、ベイズの遺作として出版されました。プライスがこの作品を出版した動機の一つには、神の存在を証明したいという願望もありました。

哲学者のデイヴィッド・ヒュームは、1748年に発表した「奇跡論」

という論文の中で、「奇跡を見ただけでは、それが起こったことを証明するのに十分ではない」と書いています。「立証しようとしている事実よりも、その虚偽の方が奇跡的であるというような証言でなければ、奇跡を立証するのに十分な証言ではない」とヒュームは述べています。

ヒュームの論文は、一般的には宗教心を攻撃するものと受け取られ、プライスはベイズの数学を使って反論することを決意しました。

神を計算する

プライスがベイズの論文を紹介する際に選んだ例は、一日のうちの同じ時間帯には100万回もの潮の流れが観測されているという話でした。プライスは、ベイズの定理を用いて、ある日突然その現象が起きなくなる確率は（想像する人もいるかもしれないが）100万分の１ではなく、60万分の１というおよそ50％であると算出しました。

プライスは次のように書いています。「一般論として、ある人が読んだり聞いたりした事実をすべて否定したとしたら、そのような人はどう思われるだろうか？　どれだけ早く自分の愚かさを知り、それを認めることができるだろうか？」

統計学者で歴史学者のスティーブン・スティグラーは「ヒュームは、奇跡に対して多くの独立した目撃者がいることの影響を過小評価しており、ベイズの定理による結果は、間違った証拠の積み重ねにより、ありえないことがあたかも事実として確立してしまうことを示している」と書いています。

確率の計算

ベイズの定理は次のように表されます。

$$P(A|B) = \frac{P(B|A)\,P(A)}{P(B)}$$

$P(A|B)$：事象Bが起こった際に事象Aが発生する確率
$P(B|A)$：事象Aが起こった際に事象Bが発生する確率
$P(A)$、$P(B)$：事象Aまたは事象Bが発生する確率

例えば、52枚のカードの山から１枚のカードを引いた場合、そのカードがキングである確率は、４を52で割った13分の１、つまり7.69％

となります。しかし、誰かがそのカードを見てそれが絵札であることがわかった場合、キングが絵札である確率は１/１であることから、ベイズの定理を使ってそのカードがキングである確率を計算することができます。絵札は全部で12枚あるため、（そのカードが絵札であることがわかっている場合）絵札がキングである確率は33％になります。

ベイズと新型コロナ

ベイズの定理は、新型コロナウイルス感染症への対応にも広く用いられており、抗原検査キットの結果に対する解釈について説明することができます。抗原検査キットでは、感染していないにもかかわらず誤って陽性と結果が出てしまう偽陽性の確率は、およそ1,000分の１になります。

しかし、全人口に対する感染率が低い場合には、得られた陽性結果のうち、比較的多くが偽陽性となります（これが、より正確なPCR検査を受けなければならない理由の１つです）。これは直感とは反する結果ですが、ベイズの定理によって説明することができます。ベイズの定理は、ワクチンの臨床試験でも重要な考え方です。

今日、ベイズの定理は、機械学習や人工知能に不可欠なものとなっており、科学者たちは新しい証拠に基づいて、あることが真実である確率を評価することができます。ベイズの定理は、「データサイエンスで最も重要な公式」と言われており、携帯電話の電波状況の改善から、スパムメールのフィルタリング、天気予報まで、あらゆる分野で科学者をサポートしています。ロボット工学では、ベイズの定理を用いて、ロボットが既に実行した過程を基に、次の過程についての確率を計算します。

生前、ベイズはその定理で名声を得ることはありませんでしたが、21世紀には、彼の考えは、これまでにないほど注目を浴びています。2020年には、ジョン・キャス卿の奴隷貿易とのつながりが暴露され、彼の名前を冠したロンドンビジネススクールはベイズビジネススクールに改名されました。

1804年の研究

● 研究者
ジョセフ・マリー・シャルル（通称：ジャカール）
● 対象領域
自動化
● 結論
ジャカールのパンチカードは織物を大きく変え、初期のコンピュータにも影響を与えた。

機械は命令を聴くことができるか？

プログラム可能な機械の幕開け

コンピュータの父の一人であるチャールズ・バベッジのパーティーで、彼は壁に飾ってあった絵をウェリントン公爵とヴィクトリア女王の夫であるアルバート公に披露しました。公爵は、「ジョセフ・マリー・シャルル（通称ジャカール）の精密な肖像画は彫刻ではないか」と質問しました。アルバート公は（以前に同じような絵を見たことがあったので）「彫刻ではありません」と答えました。

この肖像画は織物で、ジャカールが発明した自動織機の性能をアピールするためにデザインされたものでした。バベッジが書いているように、それは「絹で織られた織物で、ガラスの入った額に入れられているが、まるで彫刻のように見えるので、ロイヤル・アカデミーの2人の会員はそのように勘違いした」のでした。

この肖像画の織物は24,000もの緯糸で織られており、そのすべてがジャカード織機のパンチカードによって正確に制御されていました。これは、リヨンの画家クロード・ボンヌフォンが描いたジャカールの絵を基に、プログラム可能な織機の前代未聞の精密さをアピールするためにデザインされたものでした。

バベッジは「解析機関」の設計にも同様のパンチカードを使用し、今日のデジタルコンピュータを1世紀以上も先取りしていました（43ページ参照）。

プログラミング画像

ジョセフ・マリー・シャルル（家系の系統を区別するためにジャカールと呼ばれていた）は、1752年に機織り職人の息子として生まれ、破産を経験したり、フランス革命では、故郷のリヨンを守るために戦ったりしました。

ジャカード織機が発明される前は、どんなに経験豊富な機織り職人であったとしても、精巧な織物はペアの職人で1日に1インチ織るのが精一杯でした。機織り職人は、織機にある2,000本の経糸を手動で調整しなければならず（紀元２世紀からほとんど変わっていない）、織機のそばで職人の指示に従って緯糸に合わせて経糸を調整する「ドローボーイ」と一緒に仕事をしていました。どんなに熟練した職人でも、１分間に２列以上織ることはできませんでした。ジャカールの発明は、世界の繊維産業に大きな影響を与えました。

おもらしするアヒル

彼は自動織機を作ろうとした最初の人ではありませんでした。1741年にフランスの絹織物工場の検査官に任命されたジャック・ド・ヴォーカンソンは、子供用のオルゴールに似た金属製のシリンダーに命令を「記憶」させた自動織機を発明しました。

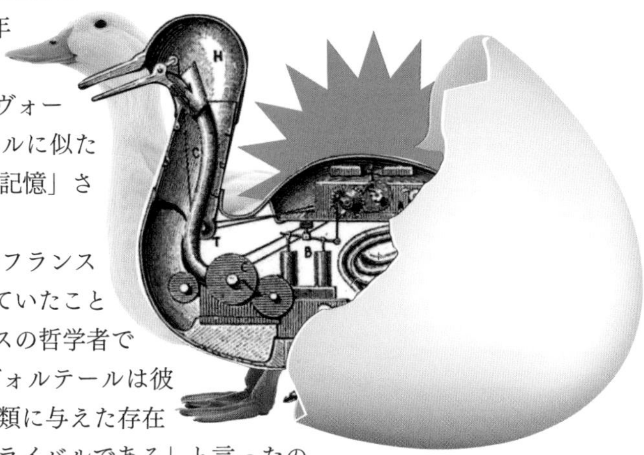

ヴォーカンソンは、18世紀のフランスで流行したオートマタに傾倒していたことは、特筆すべき点です。フランスの哲学者であり、文学者、歴史家であるヴォルテールは彼のことを「天界の火を盗んで人類に与えた存在として知られるプロメテウスのライバルである」と言ったのは有名な話です。

最も印象的なものは、ヴォーカンソンが自作したアヒルのロボットで、鳴いたり、羽ばたいたり、食事をしたり、おもらししたりすることができます。アヒルにはあらかじめ排泄物を入れるタンクが付いており、食事をするとそのタンクから排泄物が出てくる仕組みになっていました。ヴォーカンソンは、1738年の冬、人間そっくりのフルート演奏ロボットとパイプ演奏ロボットの２体と一緒に、パリのホールでおもらしするアヒルを披露しました。しかし、ヴォーカンソンの織機はアヒルに比べて成功しませんでした。シリンダーの製造にコストがかかりすぎて、製造中止になってしまったのでした。

パンチのような喜び

一方、ジャカード織機は異なり、パンチカードとフックで制御されていました。パンチカードに開けられた穴は、それぞれの経糸に対応していました。フックが経糸を上下に動かし、模様を作っていきます。複雑な模様を作るには、山のようにパンチカードが必要でした。

ジャカールは、ゆっくりとしたスピードで開発を進め、1800年に、「図案化された布地の製造において、ドローボーイを置き換えるために設計された機械」という織機の特許を取得しました。1804年には、この織機がナポレオンの目に留まり、ナポレオンはジャカールに終身年金と織機が売れるごとに報酬を与えました。

またこの頃、ジャカールは、生活の糧を失うことを恐れた機織り職人の怒りを買い、川に投げ込まれたという伝説があります。しかし、ジャカールの伝記作家であるフォルティス伯爵が彼について書いた熱烈な記述を信じるならば、その可能性は低いと思われます。「ジャカールは、職人の中で最も家にいる人だった。彼は会社で最も幸せな存在であり、彼の本当の姿を知るためには、普段着で織物工房にいて、織り手たちに織機の使い方を教えているところを見なければならない」と書いています。

彼の織機は、イギリスの産業に対抗するというナポレオンの野望の中核を成し、イギリスへ輸出されることは禁止されました。当然、一部はフランスから密輸され（1台は果物の樽に入っていた）、世界の絹産業の基礎を形成しました。

ジャカードのパンチカードは、さらなる影響力を持つことになりました。19世紀後半、アメリカのハーマン・ホレリスは、国勢調査のデータを記録する「タビュレータ」という作表機にパンチカードを使い始めました。ホレリスの会社は、後に（一連の合併を経て）コンピュータ大手のIBMとなり、パンチカードはIBMの最初のコンピュータのデータの保存や並び替えのための主要な媒体となりました。1960年代後半には、アメリカでは年間5,000億枚のパンチカードが使用され、紙の使用量は40万トンにも達していました。1990年代後半になっても、給与計算などにパンチカードを使用している企業があったほどでした。

「数学」から生まれた装置

1832年の研究

●研究者……………………………
チャールズ・バベッジ、エイダ・ラブレス
●対象領域…………………………
コンピューティング
●結論………………………………
現代のコンピュータのような装置を設計した（ただし、実際の製作には至っていない）。

バベッジとラブレスと計算機

数学者のチャールズ・バベッジとエイダ・ラブレスは、製作に失敗した２つの機械でよく知られています。２人は「階差機関」と「解析機関」という、現在の地球上のすべてのコンピュータの祖先ともいえる装置を設計しましたが、生きている間にはどちらも完成することはありませんでした。

資金難に陥る直前の1832年に納品された計算機の「美しい断片」は、最初の機械である階差機関のごく小さな部品であり、バベッジはそれを完成させるに留まりました。

しかし今日では、彼が先見の明のある人物であったことは明らかです。バベッジは、詩人のバイロン卿と数学者のバイロン夫人の娘である共同研究者のエイダ・ラブレスとともに、アルゴリズムを通じて、ベルヌーイ数（数学的な数列）を計算する方法を考案しました。これは、最初のコンピュータプログラムとして広く知られています。

蒸気による計算

当初バベッジは、数学的な計算ができる機械を作ることを目指していました。1791年に銀行家の息子として生まれたバベッジは、ケンブリッジ大学で数学を教え、英国の科学の発展に大きな影響を与えました。1821年、彼の友人である天文学者のジョン・ハーシェルと一緒に手書きの数式表を調べていた際に、それが間違いだらけで不満を持ちました。後にバベッジは「我々は検証という長ったらしくて退屈な作業を始めた。しばらくすると、多くの矛盾が発見され、その数があまりにも多かったので、私は『この計算が蒸気で実行されていたらどれだけ良かったことか』と神に祈るように叫んだ」と書いています。

バベッジは「階差機関」の設計に、蒸気ではなく、真鍮製の歯車、ロッド、ピニオン、ラチェットを使った時計仕掛けを採用しました。その機械では、数字を10個の歯を持つ金属製の歯車の位置で表します。

これは、多項式と呼ばれる数学の関数を自動的に計算し、表にするように設計されています。バベッジは、工具職人であり製図技師でもあるジョセフ・クレメントと協力して、部屋ほどの大きさで、重さ4トンにもなる巨大な機械を創造しました。数字を表す歯車が9から0まで回転すると、次の歯車が1つ前に移動して桁を繰り上げる仕組みになっていました。それは、現代のコンピュータのように、計算する前に情報を一度保持するための記憶装置を備えていました。

しかし、クレメントの工房をバベッジの家に移すための費用をめぐってクレメントとバベッジは口論となり、作業は中断してしまいました。政府の補助金が一部投入されており、財務省は、すでに階差機関に1万7,500ポンドを費やしていました。そして、ついには、資金提供は打ち切られてしまいました。

パンチカードの力

晩年のバベッジは、さらに野心的な機械である「解析機関」の開発を計画しました。この機械は、パンチカードで制御され、現在のコンピュータと多くの点で類似しています。その機械には、メモリ（Store）と中央処理装置（Mill）があり、データの入出力ができるようになっていました。「解析機関が実現すると、それが科学の将来の進路を導くことになるのは必然である」と彼は言いました。「この機械を使って何らかの結果を求めようとするときには、必ず『どのような計算過程をとれば、機械が最短でその結果を得ることができるか』という問題が発生するだろう」

数学者仲間のエイダ・ラブレスは、解析機関について「ジャカード織機が花や葉を織るように、代数的なパターンを計算する」と書いています。彼女はまた、ルイジ・メナブレアが書いたバベッジの研究に関するフランス語の記事の翻訳も手がけました。1843年には、テイラーが手がけた「Scientific Memoirs」というシリーズ本において、バベッジの解析機関を使ってベルヌーイ数を計算する方法についてA.A.L.のイニシャルで発表しています。ラブレスは、装置のさまざまな部分がどのように動くのかを詳細に説明し、「解析機関の能力を図解するものである」と述べています。

彼女はまた、コンピュータプログラムのループ（ある条件が満たされるまで動作を繰り返すこと）のアイデアを考案し、それを「尾を噛む蛇」に例えました。そして、バベッジの機械が音楽を奏でる未来を想像していました。現在では、デビッド・コープがモーツァルト風の曲を作るなど、作曲家がソフトウェアを使って音楽を作ることは、現実のものとなっています。

「大きな希望が打ち砕かれた静かな証人」

バベッジは、列車のカウキャッチャー（機関車の前部に取り付けられた障害物を排除するための鋤状の装置）や、木の幹の年輪から過去の気象パターンを「読み取る」ことができるという事実に最初に気付くなど、生涯に多くの発明をしました。また彼は、新しい発明は一般に公開され、自由に利用できるべきだと熱烈に主張していました。そのため、1847年に最初の検眼鏡を製作したとき、彼はその特許を取得することをしませんでした。

現代の専門家は、バベッジが計算機を一台も製作できなかった理由について、「新しいアイデアが浮かぶと、これまでの取り組みを忘れ、興味を失ってしまう」と言い、集中力の欠如を指摘することが多くあります。また、バベッジが使用できる材料に制限があったために、彼の機械を製作することが困難になったという説もあります。しかし、階差機関の「美しい断片」が、精密工学を飛躍的に進歩させたことは確かです。

タイムズ紙に掲載されたバベッジの追悼記事は、明らかに嘲笑的なトーンで書かれていました。「バベッジ氏は正直者らしく、『もっとお金が必要だ』という事実を政府に伝えるやいなや、ロバート・ピール首相とH・ゴールバーン氏を財務省のトップに据えた当時の大臣たちは、莫大な費用がかかるという見通しに危機感を抱き、この事業を放棄することを決意した」

それから百年余り、ロンドンの科学技術館では、バベッジが思い描いたのと同じ技術で階差機関の実物が作られました。重さ5トンの機械は、バベッジが描いたとおりに完璧に動いたのです。

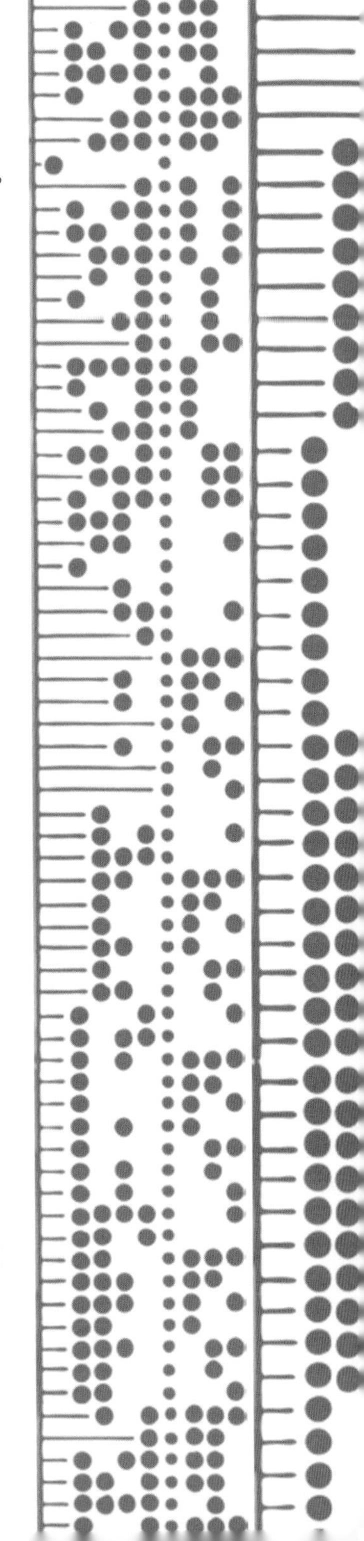

1871年の研究

●研究者……………………………
リチャード・マーチ・ホー
●対象領域…………………………
自動化
●結論………………………………
自動化は近代の新聞の時代への道を開いた。

機械化は出版をどう変えたか？

ホーの「ライトニング・プレス」

19世紀初頭の印刷は、1440年にグーテンベルグが発明した印刷機（活版印刷）と基本的には同じで、文字をトレイに並べてインクを塗り、紙を押し付けるというものでした。

ヨハネス・グーテンベルクの発明は出版業界に革命を引き起こしました。１日に3,600ページを作成することができる性能であったことから、16世紀には２億冊の本が印刷されていたことになります。

グーテンベルクの印刷機は、ルネッサンス期に起きた最初の「情報化時代」の起爆剤となりました。しかし、現代世界の舞台を構築したのは、その後のスピードと自動化を中心とした新しい技術であり、アメリカとイギリスの新聞の読者数は大幅に増加しました。アメリカの印刷業界のパイオニアであるリチャード・マーチ・ホーは、この変化の中心的存在となり、何百万人もの人々に一度に情報を提供するのに必要な速度にまで、新聞の生産を加速させる機械（両面印刷できる輪転機「ウェブ・パーフェクティング・プレス」）を開発しました。

輪転機

変化は、イギリスのタイムズ紙などの新聞が主導し、フリードリヒ・ケーニッヒとアンドレアス・バウアーが設計した機械をベースにした輪転機への移行から始まりました。1814年、タイムズ紙のオーナーであるジョン・ウォルターは、蒸気駆動のフリードリッヒ・ケーニッヒのシリンダー印刷機を初めて使用したが、繊維産業で見られたように、労働者が職を失うことを恐れて、工場を襲撃し、機械を壊すという技術革新反対主義者によるラッダイト運動の二の舞になることを恐れて、従業員には秘密にしていました。

1812年には、機械の破壊行為に対して死刑にするという法案を議会で可決しました。当時の工場のオーナーたちは、不満を持った労働者たちに自宅を襲撃されても安全なように、隠し部屋を作っていました。

このような攻撃を避けるために、ウォルターズはスタッフに「大きな記事のために印刷機を止めている」と言い、秘密裏に全版を印刷していました。また、新技術の導入で職を失ったスタッフには、新しい仕事が見つかるまで全額の給与を支給しました。

翌日の紙面には誇らしげにこう書かれていました。「今この段落を読んでいる皆さんは、昨夜、機械装置によって印刷された何千ものタイムズ紙の一つを手にしています。ほとんど有機的ともいえる機械システムが考案され、配備されています。この機械は、印刷における最も手間のかかる作業から人を解放し、また、迅速さと作業効率においては人間の力をはるかに超えているのです」

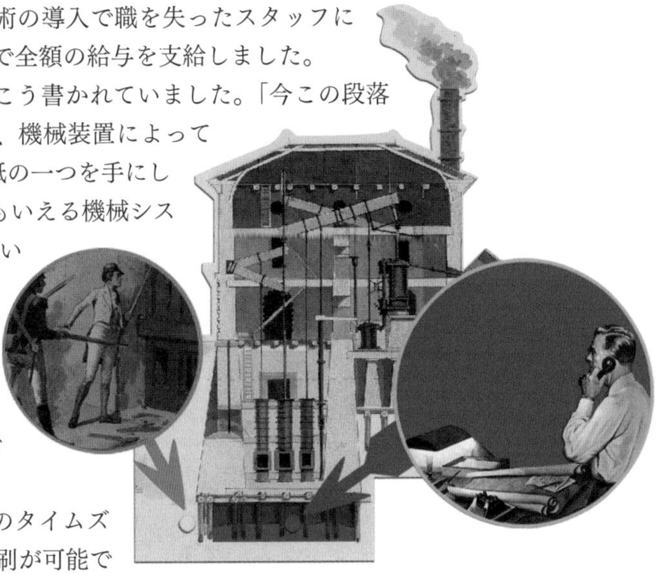

ケーニッヒ自身も、数日後のタイムズ紙に、1時間に800ページの印刷が可能であること、また、これまでの試みでは「数千ポンド」を投資しても良い結果が出なかったにもかかわらず、彼の機械が成功したその方法について書いています。

落雷

アメリカでは、このような機械の導入に遅れていたが、急速に進化し、ますます自動化された印刷ビジネスにおいて、すぐに主導権を握ることになります。1812年に生まれたリチャード・マーチ・ホーは、父から印刷業を受け継ぎ、父の革新的な技術を基に、新聞業界に革命をもたらす輪転機を独自に開発しました。

1847年に特許を取得したホーの「ライトニング・プレス」は、回転するシリンダーに活字を載せ、その周りに設置された4本の鉄製のシリンダーそれぞれが紙を送ることで、印刷速度を上げました。この設計により、1時間に数千枚の紙を印刷することができ、さらにシリンダーを追加することで、より高速な印刷が可能でした。

19世紀の作家ジェームス・マッケイブは、「大金持ちとその作り方」の中で次のように書いています。「10本のシリンダーを搭載した印刷機は5万ドルもするが、それでも安いと評価される。これまでに作られた発明の中で興味深いものの一つである。大都市の新聞社の地下の印刷室でその機械が動いているのを見た人は、その素晴らしい光景をすぐには忘れないだろう」。

新聞の時代

蒸気を動力源とするこの機械は、既存の新聞社に発行部数を大幅に増やす機会を与えただけではなく、新しい新聞の創刊も可能にしました。リチャード・ホーの甥であるロバート・ホーは次のように書いています。「新聞の印刷に革命が起こった。それまでは紙をうまく送れないために発行部数が限られていた新聞社が、急速に発行部数を伸ばし、多くの新しい新聞社が設立された。新しい印刷機は、アメリカ国内だけではなく、イギリスでも採用された。海外で最初に導入されたのは、1848年にパリのラ・パトリ社のオフィスに設置されたものである」

しかし、ホー（彼の発明が世界中で採用され、急速に大金持ちになった）は、印刷機をさらに改良し、今日の高速印刷に近い機械を開発しました。彼の発明した「ウェブ」という印刷機は、これまでのアイデアをさらに発展させたものです。長さ約5.8キロメートルの紙を１巻のロールにして印刷し、わずか数秒で何千枚もの紙を両面印刷することができました。

彼の甥は、この機械の動作について次のように述べています。「ロールから送られた紙は、まず蒸気の噴流の上を通過します。この蒸気により、濡らしたり、びしょびしょにしたりすることなく、印刷が乗りやすくするために、紙の硬い表面をわずかに湿らせて柔らかくします。７つの大きなローラーでインクを付ける32枚の湾曲した版が上にある版胴の下に紙を通すことで、片面に32ページを印刷します。次に、別の版胴で紙の反対側に印刷するために、反転させるシリンダーへその紙を送ります。この作業は素早く（２秒以内)、しかも正確に行われます」

ロールはナイフの上を通過して紙を切り離し、綺麗に印刷され、折り畳まれた新聞が出来上がります。１時間に１万8,000部の新聞を作ることができ、世界中で新聞が大量に流通する時代の幕開けとなりました。

初めて遠隔操作できる機械を作ったのは誰か？

ニコラ・テスラの「テレオートマタ」

1898年の研究

- 研究者……………………………
  ニコラ・テスラ
- 対象領域………………………
  無線操縦の無人機
- 結論………………………………
  運転手のいないボート、飛行機、自動車の可能性を示した。

ドローンは、愛好家が愛用するラジコン飛行機から、紛争地帯の上空数千フィートを飛行する殺傷兵器まで、しばしば21世紀に登場した独自なものの一つのように思われます（130ページ参照）。

しかし、信じられないかもしれませんが、最初のドローンは19世紀末にニューヨークで披露されています（ただ、発明者以外には当時は誰も、その商業的な可能性に気づいていませんでした）。

セルビア出身の技術者であるニコラ・テスラは、「テレオートマタ」と称して、電池で動く長さ約１メートルの船の模型を水槽の中に入れ、電波でコントロールする様子を披露しました。1856年に生まれたテスラは、アメリカに渡り、とりわけ、現在の電源として主に使われている交流電流の発明者として、悠々自適な生活を送っていました。彼が電気に関する発明をしたことが、自動車会社テスラが今日、彼の名前を冠している理由の一つです。

彼は1898年に「船舶または車両の機構を制御する方法およびその装置」と題する特許を取得していました。彼は、機械に質問をし、その質問の正しい答えの回数だけ機械のライトを点滅させることで、機械を制御できることを示しました。彼は後に「最初に披露したとき、私の他のどの発明も生み出したことのないようなセンセーションを巻き起こした」と語っています。彼は、側面に操作レバーのついた小さな箱を使って船に信号を送りました。

機械の中の猿

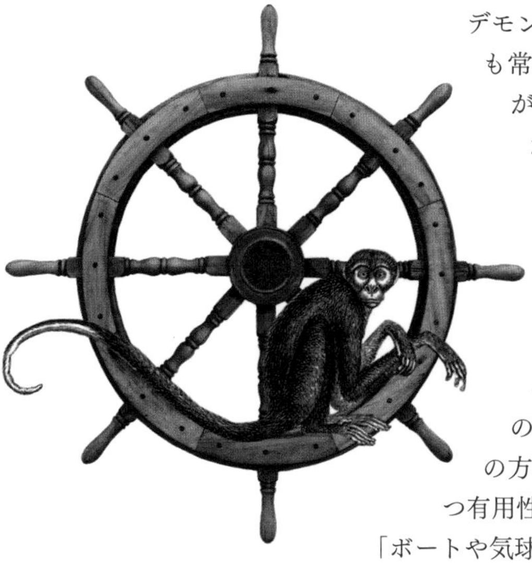

デモンストレーションでは、その技術があまりにも常識から逸脱したものであったため、テスラが何かしらのインチキをしているのではないかとか、念で船を操っているのではないかなどと疑う人もいました。はたまた、船の中に小さな猿がいて、彼の命令に応じて船を操縦しているのではないかと考える人もいました。

テスラは彼の特許の中で「移動体や浮体に搭載されている推進機関や操舵装置、その他の機構の動作を遠隔地から制御するための方法およびその装置における一定の新規性かつ有用性をもたらす改善方法」を発明したと宣言し、「ボートや気球、車にも適用できる」と述べています。

兵器

ライト兄弟が動力飛行を実現する5年前に行われたテスラのデモンストレーションでは、彼の発明が探検や捕鯨など多くの広い分野で使われることを予言していました。また、今日の戦争で無人機が広く使われていることを考えると、鋭い予言の一つとして、無線で遠隔操作される機械が、すべての戦争を終わらせるほどの兵器になると彼は確信していたのかもしれません。

テスラは特許申請書の中で、彼のテレオートマタを使った兵器は、国家が戦争を完全に放棄するように説得するほどの威力があると書いています。また「最大の価値は、その確実で無限の破壊力により、国家間に恒久的な平和をもたらし、それを維持させることができる」と書いています。

テスラは非常に先見の明がありました。その後の数十年間、無人機技術を牽引してきたのは軍事的な用途でした（130ページ参照）。第一次世界大戦では無線遠隔操作の実験機が飛行し、ベトナム戦争の頃には監視用の無人機が戦争の重要な一部となっていました。自動運転の車の専門家の多くは、戦場で兵士を助けるための車両を開発するために米軍が企画した「DARPAグランドチャレンジ」というコンテストでしのぎを削ってきました（142ページを参照）。

利益より警告

テスラは自分の発明で財を成すことはできませんでした。世間の関心を集めたにもかかわらず、彼のテレオートマタには価値があると投資家を説得することができず、アメリカ海軍も関心を示しませんでした。

彼の発明から数年後、他の発明家が遠隔操作装置を披露しました。1905年、スペインの技術者であるレオナルド・トーレス・ケベードは、ビルバオの近くで1マイル離れた場所から世界初のラジコンとも言われる「テレキノ」によってボートを操作し、観衆を驚かせました。その後トーレス・ケベードは、チェスをするオートマタを開発し、人工知能への道を歩み始めました。

テスラが自分のアイデアから利益を得ることができなかったのは、これが最後ではありませんでした。テスラは、何千機もの飛行機を一度に撃ち落とすことができる謎の殺人光線や、宇宙線で走る車、人間の思考を撮影する機械などについて研究していると主張するなど、ちょっと変わった人物でした。

しかし、テスラには物事の本質を見抜く先見の明がありました。1926年のインタビューでは、スマートフォンによる革命を驚くほど正確に予測していました。「無線が完全に適用されると、地球全体が巨大な脳に変わる。距離に関係なく、瞬時にお互いにコミュニケーションがとれるようになるだろう」と彼は語っています。「それだけでなく、テレビや電話を通じて、何千マイルもの距離があっても、顔を合わせているのと同じように、お互いに完璧に見聞きすることができるようになる。そして、これを可能にする機器は、現在の電話に比べて驚くほどシンプルなものになる。人はベストのポケットにそれを入れて持ち歩くことができるだろう」

第3章　現代のロボットの幕開け

1900年〜1939年

20世紀前半、「ロボット」と「ロボット工学」という言葉が生まれました。一つは、チェコの劇作家であるカレル・チャペックによるもの、もう一つは、多数の作品を作った顎ヒゲが特徴的なSF作家であるアイザック・アシモフによるものである。二人が思い描くロボット像はまったく異なるものでした。チャペックは、ロボットが人類を滅ぼすという悪夢のような未来を描き、アシモフは、彼が提唱する「ロボット工学三原則」によって、ロボットが人間と共存する平和な未来を想像していました。

小説や戯曲、フリッツ・ラング監督の代表作「メトロポリス」のよ

うな映画でロボットのアイデアが定着すると、技術も徐々に進歩し、人間の仕事をするために作られた最初のロボットや進化しすぎたせいで使い道が見つからないロボットアームの先駆けのようなものが登場しました。一方、戦時中のベルリンの廃墟では、コンピュータの先駆けとなる機械の開発に取り組まれていました。その機械は、結局、連合軍の爆弾により破壊されるという運命をたどり、第三帝国が崩壊するまでその事実が明るみに出ることはありませんでした。

1914年の研究

●研究者……………………………
レオナルド・トーレス・ケベード
●対象領域…………………………
チェスAI
●結論……………………………
最初のコンピュータゲーム（ただし、人間に勝ち目のないゲーム）。

コンピュータ 対 人間

チェスをする初めての（そして無敵の）オートマタ

コンピュータゲームの黎明期を想像しろと言われたら、1970年代に、若者がスペースインベーダーなどのアーケードゲームをプレイしている姿やその数十年前に、科学者が巨大なメインフレームコンピュータの周りに群がっている姿を思い浮かべる人が多いでしょう。しかし、最初のコンピュータゲームと一般的に言われる機械が、初めて人間と勝負したのは1914年のことでした。しかも、その機械は人間に一度も負けませんでした。

「エル・アヘドレシスタ」は、土木技師のレオナルド・トーレス・ケベードにより設計されたもので、これまでの「チェスをするオートマタ」とは異なり、イカサマの類のものではありませんでした。この機械は、代数方程式を解く計算機をはじめとする、多くのスペイン人たちにより設計された一連の機械の中でも最新のものでした。

1852年に生まれ、独立して裕福な生活を送っていた彼は、ヨーロッパ一円を旅した後、専業の発明家として身を固めました。特許や発明の中には、登山鉄道、飛行船、ケーブルカーなどがあります。また、最初のラジコンとも言われる（地上から飛行船を操作するための）ものもあり、それに対して彼はのちに「多くのさまざまな機構に利用できることを想像していた」と書いています。彼の発明には、1916年に完成し、現在も機能しているナイアガラの滝の上を走るワールプール・エアロカーもあります。

「自動化とその定義、理論的な応用範囲について」という論文の中で、人間の知性が必要不可欠であるされてきた分野でも、機械が人間の代わりを担うことができるという彼の考えを実証するために、チェスができる機械を開発したと説明しています。

機械仕掛けの人間

何世紀にもわたって、チェスができるとされるさまざまな機械が発表されてきました。その中でも、1770年にオーストリアのマリア・テレジア皇后を感動させるためにヴォルフガング・フォン・ケンペレンによって披露された「機械仕掛けのトルコ人」が最も有名です。

生きているかのように動く木の人形は、チェスの駒を摑み、驚くほど力強く指し、何人もの人間を打ち負かしました。当時の観衆は、それが悪霊やチェスができる猿によって動かされているのではないかと思うほどでした。

実際には、その機械の中には人間が隠れていて、20世紀のロボットアームにおいて重要な役割を果たすこととなるパンタグラフという機構を使って、盤の下から操っていたのでした。

トーレス・ケベードの機械には、そのようなイカサマはありませんでした。彼の機械は、電気で動く機械式で、次にどのような手を打つかだけを判断する簡単なものでした。

キングとルークが相手のキングと対峙するという単純なチェスの終盤戦のみ機能していました。そのため、常に最善の手を打つわけではなく、時には50手以上続くこともありましたが、最終的には必ず相手をチェックメイトすることができました。

「この装置には目的はありません」

人工知能への第一歩となったこの機械は、最終目標が定義されたルール（ヒューリスティックス）に従うように作られた最初の機械であり、現在では解の探索アルゴリズムとして人工知能の分野でも利用されている技術です。この機械は、必勝法である条件付きルールに従うものでした。トーレス・ケベードはインタビューで「この装置には実用的な目的はないが、私の論文の根幹を支えている。それは、ある条件やプログラムができるあるルールに依存した動作をするオートマタを作ることは常に可能であるということである」と述べています。

サイエンティフィック・アメリカン誌は「トーレス・ケベードが『人間の心を機械で再現する』と言っている」と息を呑むような興奮をも

ってこの機械のことを報じました。また同誌では、エル・アヘドレシスタがルール違反の手を検知し、台座のランプを点灯させて抗議する様子を紹介しています。「斬新なのは、この機械が盤面を見渡し、さまざまな手の中から優先順位を付けてある可能性のある手を選択することにある。もちろん、この機械が思考したり、思考が必要なことを成し遂げたりすることができるとまでは言わない。ただ、この機械の発明者は、一般に思考と分類されているある種のことができると主張している」

自動化の理論

1920年、トーレス・ケベードは、この第1号機を改良して、エル・アヘドレシスタの第2号機を開発しました。2号機では、電気で動く機械的なアームによって駒を動かすのではなく、盤の裏から電磁石に導かれて普通のチェス盤の上を駒自体が動くようになっていました。

また、(蓄音機のようなものが取り付けられており、)その装置は声を出すこともできました。機械が相手に王手を指したときには「チェック」、ゲームが終了すると「メイト」とアナウンスされました。

1920年、トーレス・ケベードはパリの聴衆を前に、タイプライターで入力した計算を解くことができる算術計も披露しています。この機械は、電磁石、スイッチ、滑車などを用いた装置によって計算式の結果を算出するものでした。

この機械は、もう１台のタイプライターを使って答えを出力するもので、これは未来のコンピュータの使い方を予見させる技術革新でした。２台のタイプライターは電気ケーブルでつながっていて、理論上は別々の場所に設置することができました。例えば、入力側に「５」「７」、スペースキー、掛け算キー、「４」「３」とタイプすると、出力側から等号と「2451」という答えが出てくる仕組みでした。

この機械がビジネスに役立つことは明らかでしたが、トーレス・ケベードはこの機械を商業的に生産する予定はありませんでした。

彼はその著書の中で、チャールズ・バベッジの研究（43ページ参照）を称賛し、現在のロボットとは一線を画するものを構想しました。「自動化とは、機械理論の特別な仕組みである。多かれ少なかれ複雑な行動パターンを備えたオートマタの構築方法を研究する必要がある」とトーレス・ケベードは書いています。「これらのオートマタには、温度計、磁気コンパス、動力計、圧力計などのセンサーがあり、オートマタの動作に影響を与える状態を感知する仕組みがある」

現在、エル・アヘドレシスタは、マドリード工科大学のトーレス・ケベード博物館に展示されています。（機械が無敵の状態になる終盤戦だけではなく）機械が序盤から終盤まで考えてチェスを指し、世界最高位の人間を打ち負かすまでには、さらに70年の歳月が必要でした（119ページ参照）。

1914年の研究

●研究者
カレル・チャペック
●対象領域
ロボット工学
●結論
「ロボット」という言葉を紹介した戯曲は、他の点でも先見の明があった。

「ロボット」とは何なのか？

カレル・チャペックは「ロボット」という言葉をどう生み出したのか

「ロボット」という言葉は、科学ではなく、作家のH・G・ウェルズが作った「原子爆弾」という造語と同じように、SFの世界から来た言葉です。チェコの劇作家であるカレル・チャペックは、画家である兄のヨゼフに執筆中の戯曲の筋書きを説明してから「ロボット」という言葉を造ったと語っています。

チャペックのSF戯曲『R.U.R.（ロッサム万能ロボット会社）』のあらすじは、この作品が発表された100年後に公開されたハリウッドのSF映画を見たことがある人なら誰もが知っているほどよく知られています。天才科学者が画期的な技術により何千人もの人造奴隷を作ったが、彼らが主人に反抗して人類を滅ぼすというストーリーです。

カレルが自分の考えを説明すると、ヨゼフは「ロボティ（roboti）と呼んだらどうか」と言いました。ロボティとは、チェコ語で労働者や農奴を意味する言葉です。チャペックは、以前より「ラブリ（labori）」という意味の言葉を考えていましたが、ラブリすなわち「労働する」という言葉はあまりにも堅苦しい表現であり、ヨゼフのアイデアを気に入りました。このアイデアが功を奏して、カレルは戯曲を書き上げました。ロボットを作る工場の経営者の名前である「ロッサム」は、チェコ語の「知性（rozum）」を意味するようにも聞こえます。

この戯曲は、1921年、当時のチェコスロバキアのプラハの国立劇場で初演されました。1920年代にはヨーロッパ中でヒットしました。1930年代には、アメリカのラジオやBBCテレビでも上演されました。

誰もがこの戯曲に魅了されたわけではありません。ロボットを題材にした小説を何十作も書き、「ロボット工学三原則」（74ページ参照）を考案したSF作家のアイザック・アシモフは、「私の見解では、チャペックの戯曲は、ひどく悪いもので、そういう意味で不滅の作品である」と述べています。と言うのも、アシモフのロボット観は非常に楽観的である一方、チャペックのものはそうではなかったからです。チャペックのアイデアは、何度も生き返る残忍なターミネーターから『ブレードランナー』で描かれている人間の支配に反旗を翻すアンドロイドまで、その後の膨大な数のSF作品に影響を与えました。

人造奴隷

チャペックの戯曲では、ロボットは金属ではなく化学物質で人工的に作られた肉体でできており、巨大な工場で、1,000体単位で製造されています。見た目は人間と同じですが、人間の奴隷になるように作られています。

劇中、工場長のハリー・ドミンは、肉体労働ロボットについて「小さなトラクターと同じくらいパワフルで、平均的な知能を持っていることが保証されている」と言っています。ロボットたちには、創造性や感情が意図的に搭載されていませんでした。第1幕の衝撃的なシーンでは、工場の経営者の1人が、人間そっくりの秘書ロボットが「本物の人間」ではないことを証明するために、彼女を解体することを提案します。

この戯曲は、「ロボット」という言葉だけではなく、人造人間という概念が人間そっくりな機械を作る技術ができるずっと前に確立していたことを示しています。チャペックは、科学技術と人間の欲望の危険性についてのたとえ話をしていたのでした。

ロボットの登場

劇中、ロボットたちは最後に、人類を滅ぼした理由を説明します。もちろん、彼らは、人間自身の下劣な行為に耐えかねたのでした。最後に生き残った人間が「なぜ人間を一人残らず殺してしまったのか」と問うと、ロボットの1人は「我々は人間のようになりたかった。人間になりたかったのだ」と答えています。

1925 年の研究

- 研究者……………………………
  フランシス・P・フーディィナ
- 対象領域…………………………
  自動運転車
- 結論………………………………
  1920年代に街を走っていた「ファントムオート」。

ロボットは自分で運転できるのか？

「アメリカンワンダー」が自動運転車の火付け役になるまで

最初の無人運転車は「自動運転」や「自律走行」とは呼ばれず、「ファントムオート」と呼ばれていました。この車は、自動運転技術が実用化される約1世紀前に登場し、交通安全の啓蒙活動に利用されましたが、「ファントムカー」自体の安全性を考えると、非常に皮肉な話です。

1920年代以降に街中を走っていた「ファントムオート」は、完全な遠隔操作が可能で、他の車（時には、頭上を飛ぶ飛行機）から無線で操縦されていました。

中でも、1925年にニューヨークで発表された「アメリカンワンダー」と呼ばれるフーディナ社の車は、（もちろん事故もありましたが）大きな話題になりました。安全衛生に関する規則が制定されるはるか以前のことで、人や車が行き交う繁華街で自動運転車は披露されました。

「操縦席に人はいなかった」

1904年にレオナルド・トーレス・ケベードが披露した遠隔操作できる三輪車など、それまでにも無人運転のデモンストレーションは行われていましたが、これは実物大の市販車で、誰も操縦せずに人通りの多い街中を走るものでした。

タイムマガジン誌は次のように書いています。「ブロードウェイの路肩に無人のツーリングカーが停まっていた。運転席には誰もいなかった。通行人は、この運転手のいない車がモーターを始動させ、ギアを入れ、路肩から交通量の多い道路に合流して行く不思議な光景をじっと見ていた」

その車は「フランシス・P・フーディィナ」によって操縦されており、これは2人の若

いエンジニアが使っていたペンネームだと言われています。後ろの2号車に乗った1人が、前を走る1号車の受信機に信号を送りましたが、シャフトに取り付けられた駆動装置がハウジングの緩みによって故障してしまいました。このことで、事態はかなり危うくなりました。

「この遠隔操作の車は、危うく2台のトラックとワゴンにぶつかるところだった」とニューヨーク・タイムズ紙は書いています。このとき、警察はフーディナに実験をやめるように忠告しましたが、フーディナはそのまま、またドライブに戻っていってしまいました。

この車は、無線アンテナと、スピードやステアリングを制御する小型の電気モーターが取り付けられたチャンドラーセダン（クラシックカーとして代表的な形の一つ）で、すぐ後ろを追従する車に乗ったエンジニアがラジコンのように「運転」するという極めてシンプルなものでした。「受信機」は、凧のような無線アンテナで、ステアリングコラムには何らかのベルトが取り付けられており、始動、加速、ブレーキの装置もありました。ただし、エンジニアがクラッチやギアシフトも制御していたかどうかは不明です。

逃げ場はない

フーディナ社の車は、マジシャンで脱出芸で有名なハリー・フーディーニから不本意な形で注目されていました。フーディナとフーディーニという名前が似ていることに激怒した彼は、ある日フーディナ社のオフィスに怒鳴り込みました。そこで、自分宛の小包があることを見つけて怒り狂いました。ニューヨーク・タイムズ紙が報じたように「彼は小包から『フーディーニ』と書かれたタグを引きちぎった。それを返すように言われても拒絶し、彼が部屋から立ち去ろうとするのを社員が阻止しようとしたとき、椅子を奪い、シャンデリアを壊した」のでした。

同社は、「フーディナ」という名前は「フーディーニ」になりすますためのものではないと主張しました。「脱出王」の異名を持つフーディーニは、粗野・乱暴の罪で起訴されましたが、フーディナ社側が法廷に現れなかったため、最終的には不起訴となりました。

安全第一

フーディナ社の発明をきっかけに、このような「ファントムオート」や「ファントムカー」が次々と登場し、広告やデモンストレーションに使われました。あるものは無線によって、またあるものは車と車を有線で繋いで、はたまた頭上を低空飛行する航空機から操縦されることで、車は路上を無人で走りました。

皮肉なことに、こうした遠隔操作の車は先駆的な交通安全キャンペーンにも使用されました。1920年代の道路は、交通安全対策が不十分であったため、現在よりもはるかに危険な状態にあり、人にもっと注意を促す必要がありました。

ファントムオート経営者のJ・J・リンチは、1937年にデイリータイムズニュース紙に次のように語っています。「普通の安全講習では、特に、他の仲間から運転手としての技量不足について指摘されたりすると、皆、嫌な気になります。しかし、無人車のデモンストレーションをしながら同時に安全について話をすると、耳を傾けてくれるのです」

実用化に向けて

その後の数十年間は、自動運転車への関心は静かに続きました。1939年の万国博覧会に出展された「フューチュラマ」では、ゼネラルモーターズ社がデザイナーのノーマン・ベル・ゲディーズと協力して「無線による自動制御」で広大な高速道路を自動車が走るという未来像を発表しました。1963年のイギリスでは、保守党の政治家であるヘイルシャム卿を助手席に乗せたシトロエンが最高時速130キロメートルを記録しました。特別に用意されたテストコースで、ワイヤーに導かれながら、ハンドルから手を離した状態で疾走したのです。

しかし、そこから自動運転技術が実用化されるまでには、ほぼ半世紀を要します。そのきっかけはカリフォルニアの砂漠で開催された「DARPAグランドチャレンジ」（142ページ参照）です。

ロボットは指示に応えられるのか？

ハーバート・テレボックスが人間の仕事をした方法

1927年の研究

- ●研究者……………………
  ロイ・J・ウェンズリー
- ●対象領域…………………
  ヒューマノイドロボット
- ●結論………………………
  有用な作業を行うことができる最初のヒューマノイドロボット。

1920年代には、金属製のボディと未来的な外観を持つ「機械人間」が何体も作られ、世界中の人々を魅了しました。そのほとんどは、前世紀に見られたようなトリックによって動く単なるオートマタ（14ページ参照）でしたが、それらには、電気や圧縮空気といった20世紀の技術が加えられていました。

しかし、ウェスティングハウス社が1927年に発表した「テレボックス」は、ロボットが人間のように歩けるようになる（「アシモ」〈127ページ参照〉）70年以上前に登場した人型の機械であるにもかかわらず、役に立つ仕事をすることができました。

テレボックス（正式名称：ハーバート・テレボックス）は、電話を介して可聴域の音による指示を受け付け、それに応じて作動する機械でした。人型に切り抜かれた絵に電気機械がついた箱のようなものでした（実際、それぐらいのものでした）。

ハーバート・テレボックスが世界的に発売される際に、「『開けゴマ！』という掛け声に反応して開くドアを研究所で作ったが、電話による音声認識では信頼性が低く過ぎるため、ハーバート・テレボックスでは、ブザー音やチャープ音だけを使って電話で指示を送っている」と、その開発者は明かしています。このテレボックスをめぐる騒動は、ウェスティングハウス社の天才マーケターであるロイ・J・ウェンズリーへの敬意によるところでした。

考える機械？

月刊ポピュラーサイエンスの前のめりの論説では「考える機械」という見出しで、「電気で動く人が電話に出たり、家事をしたり、機械を操作したり、数学の問題を解いたりする」と、テレボックスの力を大げさに表現しています。マンチェスター・ガーディアン紙は、もう少し現実的な視点から「電話でオーブンを始動させる」という見出しの記事を掲載しました。

ウェンズリーはニューヨークで、ハーバート・テレボックスが（音叉で生成させた）信号に応答して、適切なスイッチを押すデモンストレーションを披露しました。月刊ポピュラーサイエンスのハーバート・パウエルは「この機械人間は、電話で電気的に接続されているのではなく、あなたが聞くのと同じように聞いている。耳は、受話器の近くに置かれた感度の高いマイクである。声は、送信機の近くにあるラウドスピーカーである。そして、話す言葉は、機械的な一連のブザー音である」と書いています。

当時、遠隔地の変電所の人員を減らすための新しいアイデアを考えていたウェスティングハウス社にとって、テレボックスは、大型ロボットシリーズの初号機となりました。

一分の隙もない

変電所に設置されたテレボックスは、（音叉型の発振器によって生成された）一定のピッチによるコマンドを受信し、それをコードとして処理し、例えばスイッチを開くなどの応答をすることができました。

そのロボットは、コマンドセンターにある2台目のテレボックスと通信し、実行を意味するコマンドを示す音を発しました。

また、ウェスティングハウス社は、水位計に接続されたテレボックスと通信することで、貯水池の水位をチェックする方法も披露しました。水位計は、水位の高低をブザー音の回数で知らせることができました。この装置は、1927年までにニューヨークで使われるようになっていました。

マンチェスター・ガーディアン紙は、次のように書いています。「『電話を介して届く音は、感度の高いマイクで受話器から受信され、その装置によって作られるブザー音による信号は、電話の送信機の近くにあるラウドスピーカーで出力される。ベルが鳴ると、音に反応するリレーが電話のフックを持ち上げ、所内向けのブザーを始動させ、装置全体を作動可能な状態にする』と、ウェンズリーは、このシステムについて説明した」

テレボックスの誇大宣伝の多くは、かなり空想的なものでした。（理論上は可能でしたが）実際には家事もしないし、計算が特段得意ということでもありませんでした。しかし、テレボックスを人間のように見せかける（そして、それを広告や報道で使用する）というウェンズリーの企みは、アメリカやヨーロッパにセンセーションを巻き起こしました。

非常に優れた脳

これは、ウェスティングハウス社が開発したいくつかのロボットの最初のものであり、音声制御ロボットとしては、「エレクトロ（Elektro）」がその最高峰となります。これは、1939年の万国博覧会で、次のような言葉で自己紹介しました。「皆さん、私は自分の話が聴けて嬉しいです。私は48個の電気リレーでできた非常に優れた頭脳を持っている賢い者で、皆さんの仲間です」

ウェスティングハウス社のパビリオンでは、ロボットが観客の頭上高くの舞台に立ち、（奇妙なスライドするような動きではありましたが）「歩く」ことさえできました。このロボットは、レコードプレーヤーを使って700語の「語彙」を使った疑似的な会話をし、タバコを吸ったり、風船を膨らませたりすることができました。翌年には、金属製の犬「スパルコ（Sparko）」を連れて再び登場しました。エレクトロの開発には何十万ドルもの費用がかかり、何百万人もの人々に見てもらうためにツアーをしました。

現在のように「ロボット」という言葉が一般的ではなく、「モトマン」と呼ばれていました。エレクトロの物語は、思いがけないエピローグを迎えることになりました。引退して長らくした後、1960年に公開されたコメディ映画『Sex Kittens Go to College』で、ロボットのシンコー役を演じることになったのでした。

現在、ハーバート・テレボックスとエレクトロは、オハイオ州のマンスフィールド博物館に展示されています。

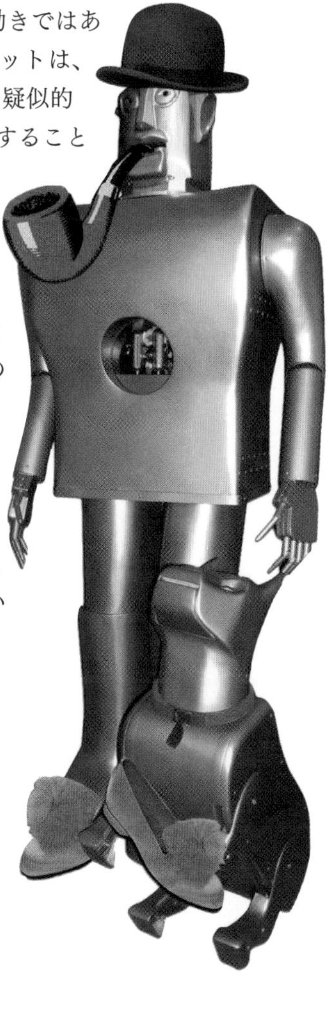

1928年の研究

● 研究者……………………………
フリッツ・ラング
● 対象領域……………………………
フィクションのロボット
● 結論……………………………
「マシネンメンシュ」は、フィクションと現実のロボットの外観に影響を及ぼした。

「人間機械」はどんな姿であるべきか？

フィクションから現実へ

1927年に公開されたフリッツ・ラングの無声映画の傑作『メトロポリス』に登場する「マシネンメンシュ（人間機械）」と呼ばれる奇妙な金属製の女性の衣装ほど、この映画の象徴となったものはありませんでした。ある象徴的なシーンでは、ライトに囲まれた玉座のような座席に登場する無表情な「人間機械」は、不穏な金属マスクと金属製の女体を持ち、この人間機械に産業機械のような印象を与えるかのように、その周囲を帯状の金属が取り囲んでいました。

この人間機械の体は明らかに女性であり、その動きはぎこちなく、誇張され、機械のようでした。そしてこれは、テクノロジーと性別の表現との関係性について、重大な課題を投げかけるものであり、このデザインが後のフィクション（や現実）のロボットに影響を及ぼしました。

この（撮影中に紛失したことが有名な）衣装は、数年前の1922年に王家の谷で発掘されたツタンカーメンのマスクからヒントを得たものでした。このマスクは、デザイナーのウォルター・シュルツ＝ミッテンドルフによって製作されました。

ロボットの衣装は、マシネンメンシュと若い労働者であるマリアの両方を演じた女優ブリジット・ヘルムから採られた石膏型の上に構築されたものでした。シュルツ＝ミッテンドルフが「プラスチック・ウッド」と呼ぶ、空気に触れるとすぐに硬化し、自然に育った木のように加工できるしなやかな素材が使われていました。

マスクの裏側

その結果、無表情な金属製の顔に、手足には長いパネルが装着され、人間でありながら非人間的な姿になりました。この人間機械は、マッドサイエンティスト（狂気の科学者）が、自分の金属製の人間機械を本物の女性に変身させることに恍惚としている場面で紹介されています。10代の女優ブリジット・ヘルムは、この映画全体を通して長時間、この衣装を着ていました（完璧主義のラング監督は、何百時間もの映像を撮影しました）。

ヘルムの母親が、フリッツ・ラング監督の妻テア・フォン・ハルボウ（映画『メトロポリス』の原作者）に娘の写真を送り、監督はまったく無名のこの女優に映画の主演女優の座を与えました。彼女がスクリーンテストを受けたとき、弱冠16歳でした。

ヘルムはラング監督に、９日間かけて撮影した顔が映らない大変なシーンで、代役を使わない理由を尋ねました。そのとき、監督は「私は、あなたがロボットの中にいるということを感じなければならない。目には見えていなくても、私はあなたの姿を見ている」と言ったと言われています。

この「人間機械」のイメージは、ラングのマシネンメンシュの外観を大いに参考にしたスターウォーズのC-３POなど、後の映画ロボットのヒントとなり、また、シンシア・ブレアジールなどのロボット工学者には、人間と対話する「ソーシャルロボット」の制作を促すこととなりました。ラングの架空のロボットの外観は、実際のロボットのデザイナーにも影響を与えました。ソニーの象徴的なロボット犬「アイボ」（124ページ参照）の見た目をデザインした空山基は、2019年にマシネンメンシュに着想を得た巨大な彫刻を披露しています。

粘土の足

ラングの映画は、白黒時代の不朽の名作となりましたが、当初は失敗作で、製作したドイツの映画会社UFAは破産寸前でした。当時、700万ライヒスマルク（約６億円）という史上最高額の予算で作られたこの映画は、公開時には、批評家からも民衆からも嫌われる問題作となりました。ニューヨーク・タイムズ紙は、この映画を「粘土の足を使うという技術的な驚異である」と報道しました。

映画『メトロポリス』は、高層ビルの最上階に支配階級が住み、その下で労働者階級が奴隷のように働いている2006年を描いています。マシネンメンシュは、科学者のロトワングによって考案され、権威主義的な支配者の指示により作られました。ロボットのマリアは本物の人間の女性に変身し（技術的な理由だと言われているが、実際には予算の都合だと言われている）、荒涼とした未来都市の労働者たちの間に不和をもたらそうとします。

偽者のマリアは、労働者たちにこう言います。「メトロポリスの機械の生餌となるのは誰？　自分の血を油として機械の関節に注しているのは誰？　自分の肉体を機械に与えているのは誰？　機械たちを飢えさせなさい、愚か者たちよ！　死なせなさい！」。労働者たちをけしかけた偽者のマリアは、火あぶりにされ、金属という元の姿に戻るのでした。

女型の機械

フィクションの中で続々と登場する多くのロボットと同じように、不穏で恐ろしいキャラクターでした。また、このロボットは非常に性的であり、他の問題のあるフィクション（や現実）のロボットやAIヘルパーを予見させるものでした。マシネンメンシュに影響を受けた「ガイノイド」や女型ロボットの多くは、非常に性的であり、男性の言いなりになるように作られるというストーリーで描かれています。

後の映画では、例えば『ブレードランナー』に登場するアンドロイドの性労働者のプリス（暴走したため、強制的に抹殺された）や1975年の映画『ステップフォードの妻たち』（成功した男性が従順な妻となるロボットを製造するアイラ・レヴィンの風刺小説がベース）の服従する女型ロボットなどのキャラクターは、皆、性的で奴隷的です。これらのロボットは、なぜこれほど多くの本物の召使ロボットが女性の形をしているのかと言う悩ましい疑問を投げかけています。AlexaやSiriのような便利な「音声アシスタント」のデフォルト音声は、女性であることが多いという現実もあります。

ラングはナチスの台頭とともにアメリカに亡命しますが、フォン・ハルボウはナチスのために映画を作り、終戦時にイギリス当局に拘束されました。この映画を撮った後、ブリジット・ヘルムは映画会社UFAで成功を収めましたが、ラングとは二度と仕事をしませんでした。

ポラードの特許は何に使われたのか？

「位置制御装置」がロボットアームの道を切り開いた理由

1938 年の研究

● **研究者**……………………
ウィラード・ポラード
● **対象領域**……………………
ロボットアーム
● **結論**……………………
スプレー塗装ロボットのために、パンタグラフを用いたアームを設計した。

フィクションの世界では、ロボットは人間のような姿をしていることが多いですが、作業現場では、手術をする腕や台車に取り付けられた爆弾処理アーム、スペースシャトルで衛星を捉えたり、宇宙飛行士の船外活動を支援したりする際に利用される有名なカナダアームなど、体を伴わないロボットアームという形をしていることが多いです。

最初のロボットアームは、実は第二次世界大戦前に登場しています（ただし、このアイデアがビジネスの世界でフル活用されるのは、しばらく先のことでした）。

1938年、アメリカの技術者であるウィラード・ポラードは、「位置制御装置」と称する（ロボットアームに関する）特許を申請しました。彼はこの機械が、アメリカの自動車産業でスプレー塗装の自動化のために使用されることを想定していました。

20世紀前半、アメリカが世界の自動車産業をリードしたのは、それまで手作業で行われていた工程を合理化・自動化したことが大きな要因です。

ヘンリー・フォードが自動車の大量生産のために、初めて移動式組立ラインを導入しました。これにより、これまで（チームで１台の車をすべて作成していた際）１台の自動車を作るのに12時間以上かかっていたものが、生産ラインに乗った車が作業員の間を移動することによる分業制により、１時間半強に短縮されました。その結果、自動車の価格は下がり、T型フォードはその後10年間で1,000万台を販売し、業界を席巻することになりました。

ポラードが提案した技術革新は、次の新しい技術革新をもたらしました。それは、製造工程の一つである車のスプレー塗装を代行できるプログラム可能な自動アームです。1934年と1938年に、スプレー塗装の自動制御装置とアーム本体に関する２つの特許が出願されています。ロボットアームの特許には次のように書かれています。「私の発明は、

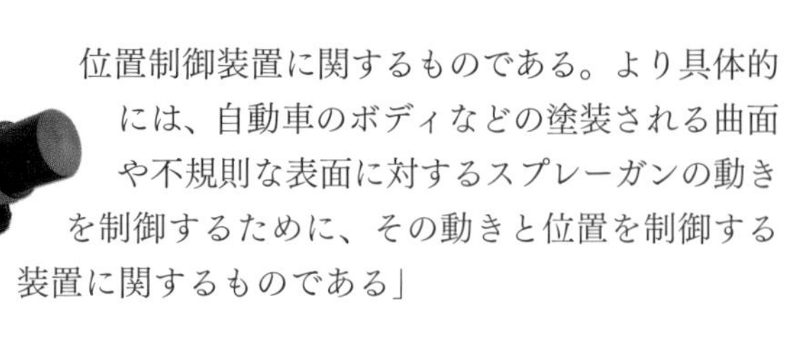

位置制御装置に関するものである。より具体的には、自動車のボディなどの塗装される曲面や不規則な表面に対するスプレーガンの動きを制御するために、その動きと位置を制御する装置に関するものである」

孤立無援の状態

もちろん、ウィラードの発明は、完全なブレークスルーを実現するものではありませんでした。特許に記載されている機械は、1本のペンを別の（あるいはいくつかの）ペンと複数の関節を持ったアームでつなげ、筆記するもののコピーを作るためのパンタグラフという機械と同じようなものでした。

パンタグラフは、ギリシャの哲学者であり数学者であったアレキサンドリアのヘロン（オートマタの製作と設計に長けていた〈14ページ参照〉）によって、初めてその原理が説明されました。

パンタグラフによるアームは、18世紀後半に観客をだました機械式チェスプレーヤーとして悪名高いイカサマのロボットである「機械仕掛けのトルコ人」にも使用されていました。「トルコ人」の中に隠れている人間のチェスプレーヤーがパンタグラフのアームを動かすと、それに応じて腕を動かしてチェス盤に駒を置くため、その「トルコ人」は「自動化」されているように見えました。

機械の中の人間

しかし、ポラードのアームのユニークなところは、機械の中に人が入る必要がないこと、つまり、人が制御する必要がまったくないことでした。このアームには「5つの自由度」（回転、ピッチング〈上下〉、ヨーイング〈左右〉などにより、さまざまな動きをすることができる）がありました。

この機械が便利であったのは、説明書に従ってアームの一部を交換することで、異なるパターンで塗装するようにプログラムし直せること、また、組み立て工程によってそれに適する工具を装着できることでした。

この機械は、空気圧シリンダーで位置を制御し、ある仕事から別の仕事へと素早く切り替えられるように（初歩的な意味で）プログラム可能でした。ポラードは「もし、ラインを流れてくる『クーペ』を塗装するには、このモデルに適した『43』番を、また『セダン』であれば、別の番号が選ばれる」と書いています。

腕を持つことの利点

しかし、ポラードのアイデアは時代を先取りし過ぎていました。そのため、そのパンタグラフのアームは大量生産されることはありませんでした。ただし、1940年代初頭にデビルビス塗料会社が、ポラードの設計やハロルド・ローズランドが出願した関連特許「所定の経路通りにスプレーガンなどを移動させる方法」を基に、ロボットアームのプロトタイプを作ったと言われています。

マイケル・モランは、論文「ロボットアームの進化」の中で、「ロボット工学の近代化は、1930年代後半に開発されたこの２つのあまり知られていないアームを果敢に使用することから始まった」と述べています。モランは、ポラードについて「彼の設計と自動化されたロボットアームの産業界での応用に対する関心が、他の人々の創意工夫に拍車をかけることになった」と述べています。

第二次世界大戦の到来により、センサーやコンピュータが飛躍的に進歩し、知的な機械を制御に使うシステムへと移行することになりました。アメリカの自動車工場にロボットが導入されるというポラードの夢が現実のものとなるまでには、さらに20年の歳月を要しました。世界を変えるロボットアームであるユニメート（95ページ参照）が発明されました。

第4章 知能の開発

1940年～1969年

20世紀後半、第二次世界大戦から生み出された技術は、コンピュータや人工知能などの新しい分野を発展させ、戦争末期に開発されたENIACのような極秘の機械は、プログラム可能な汎用コンピュータの能力を垣間見るものでした。

また戦時中、コンピュータのパイオニアであるアラン・チューリングが、機械が真の知能を有するか否かを特定できるテストを提案し、1956年にニューハンプシャー州で開催されたダートマス会議では、「人

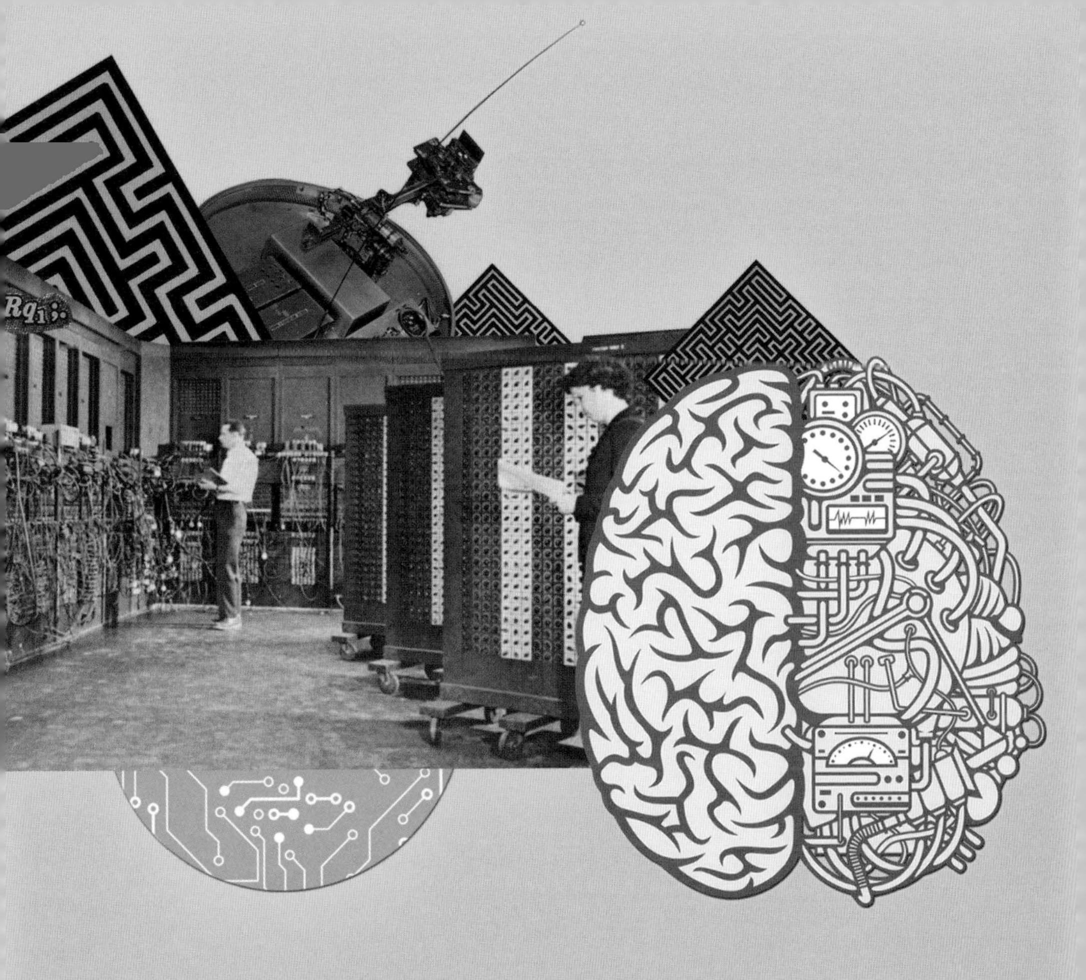

工知能」という言葉が初めて使われました。この時代、機械が真の知性を獲得する時期について非常に楽観的な考えが一般的であり、さまざまなアイデアが爆発的に提案されました。

しかし、AIの研究が「人工知能の冬」と呼ばれる時期に突入する中、世界中の研究所では興味深いロボットが開発されていました。「シェイキー」と名付けられたロボットは、自走しながら迷路を進むことができ、若き日のビル・ゲイツを含む世界中の人々に刺激を与えました。

1942年の研究

- 研究者……………………………
  アイザック・アシモフ
- 対象領域…………………………
  ロボットの振る舞い
- 結論………………………………
  ロボットが人間に危害を加えないようにするための「原則」を作った。

ロボットは法を超越するか？

「ロボット工学三原則」が人間とロボットによる社会に役立つまで

「ロボット工学」という言葉は、SF作家のアイザック・アシモフによる造語です。アシモフが考案した最も有名なアイデアである「ロボット工学三原則」は、彼のロボットシリーズに由来し、現在でも重大な議論の対象になっています。

ロボット工学三原則は、ロボットが人間にとって役立つ召使いであること（主人に刃向かわないこと）を保証するためのシンプルな一連のルールで、次のようなものです。

- 第一条：ロボットは人間に危害を加えてはならない、また、その危険を看過することによって、人間に危害を及ぼしてはならない。
- 第二条：ロボットは人間に与えられた命令に服従しなければならない。ただし、与えられた命令が第一条に反する場合はこの限りではない。
- 第三条：ロボットは、前掲第一条および第二条に反する恐れのない限り、自己を守らなければならない。

彼は後年の小説で、第四条（彼は、これを第零条と呼んだ）を追加しています。

- 第四条（第零条）：ロボットは人類に危害を加えてはならない、また、その危険を看過することによって、人類に危害を及ぼしてはならない。

アシモフは、毎日、朝7時半には書き始め、夜10時まで執筆活動をすることで、生涯に膨大な量の本を書きました。彼は「詩的な表現や素晴らしい文学的な表

現で書くような努力はしていない。私はただ明瞭に書こうとしているだけだ。私は幸運にも明瞭に考えることができるので、私が考えていることが満足のいく形で文章として表現できるのだ」と言っています。

ロボット工学三／四原則

アシモフは飛行機に乗ることを嫌い、運動はマンションにあるクロスカントリーのスキーマシンで行うだけでした。スモレンスクで生まれたアシモフは、ブルックリンで年中無休のスイーツ店を経営していたロシア人の父親の影響で、幼い頃から毎日スイーツ店で働き、仕事熱心な性格になりました。

彼はこう言っています。「タイピングも調査もメールの返信も全部自分でやる。代筆者も雇っていない。これで、議論も指示も誤解もなくなる。毎日、仕事をする。日曜日は最高の日だ。郵便物も電話もない。書くことだけが私の関心事だ。話すことさえ邪魔なんだ」

最初の産業用ロボットアームを開発したジョージ・デボルやジョセフ・エンゲルバーガー（95ページ参照）、サイバーダイン社の山海嘉之CEO（145ページ参照）など、本書で紹介しているロボット工学者はほぼ皆、アシモフの作品に影響を受けたと言っています。他のアシモフファンとしては、Amazonのジェフ・ベゾスが有名です。

アシモフは、ロボットシリーズとして37編の小説と短編を書き、ロボット工学三原則を念頭に、「陽電子頭脳を持つロボット」と人類が共存する未来を想像しました。彼の初めてのロボット小説は、1940年代に雑誌に掲載され、1950年に短編集『I, Robot（我はロボット）』として出版されました。

アシモフのロボットは、カレル・チャペックの戯曲『R.U.R.』で人類に反旗を翻した無感情な機械とは異なり、子守ロボット「ロビー」や忠実なロボット警察官という形で、慈悲深いものとして描かれています。

短編小説「ロビー」の中で、ジョージ・ウェストンは、（子供がロボットになつきすぎたために）妻が子守ロボットを追い出そうとしたことに抗議しています。「ロボットは人間の保育士よりはるかに信頼できる。ロビーが作られた目的は、小さな子供の仲間になること、ただ一つだ。彼の精神は、そのために作られている。彼は、ただただ誠実に、愛情深く、親切であることをせずにはいられない……人間より、はるかにそう行動できる」

数十年にわたりロボット工学三原則は、機械を統治する方法について多くの議論を巻き起こしました。ただ、アシモフの小説では、この三原則を回避する方法（例えば、ロボットが誰かに危害を加えることを知らずに何かをするよう説得する方法）も描かれています。アシモフの『I, Robot』を基にしたウィル・スミス主演の映画のキャッチコピーは「ルールは破られるためにある」であり、ロボットによる殺人を含むストーリーでした。

彼らのための一つの原則

これまでロボット工学者たちは、ロボットが他のロボットを故意に傷つけることが許されるなどという、アシモフの原則のさまざまな問題点について指摘してきました。

イギリスの工学・物理科学研究評議会は、「アシモフの原則は、フィクションの装置に対するものである」とし、新たに改良した原則を考えようとしました。「これらの原則を実社会で使用することは現実的ではない。例えば、ロボットが人間に危害を加える可能性のあることをすべて知ることができるだろうか？　人間でさえ指示の意味がわからないものに対して、どのようにしてロボットがその人間の命令をすべて理解して、それに従うことができるだろうか？」

そして提案された新しい原則には、人を殺すために設計されたロボットの禁止が含まれていました。

また、ロボットの設計者や製造者が、その創造物の行為に責任を持つようにする原則もあります。この原則では、「責任を負うべき主体はロボットではなく人間である。ロボットはプライバシーを含む現行法を遵守して設計・運用されるべきである」とされています。

女性が活躍した「ENIAC」の運用

「ハードワーカー」なマシン

1944年の研究

●研究者……………………
ジョン・モークリー、フランシス・ホルバートン
●対象領域……………………
デジタルコンピューティング
●結論……………………
コンピュータは多くの作業で人間を凌駕することができる。

1955年に引退した部屋ほどの大きさがある「ENIAC(Electronic Numerical Integrator and Calculator)」は、稼働していた10年の間に、人類がそれまでの数世紀に行ったよりも多くの計算をしたと推定されています。重さは24トン、167平方メートルもあるこの機械は、真空管とダイオードでできており、第二次世界大戦中の1943年に構築が開始されました。

銃の弾道を計算する

ENIACは、科学者であるジョン・モークリーの発案により生まれました。彼は、米軍が使用する計算を高速化するために、真空管を使った機械のアイデアを提案しました。これは、最初のプログラム可能な汎用型電子デジタルコンピュータでした。

ENIACは、標準的な条件下における銃の弾道を計算するために使われる射撃表の作成問題を解決するために作られました。戦時中、アメリカ軍が開発中の新兵器には、この射撃表が大量に必要でした。

当初、弾道は機械式の計算機で手計算されており、たった1回60秒の弾道計算に20時間もの時間がかかることもありました。あまりに時間がかかるため、一時期、アメリカ陸軍の弾道研究所では、100人以上の女子学生が弾道計算のためだけに働いていました。

これに対しENIACは、同じ軌道計算をわずか30秒で行うことができました。1秒間に5,000回の足し算、10桁の2つの数字の掛け算を360回行うことができました。また、割り算や平方根も計算できました。真空管17,000本、抵抗器70,000個、機械式リレー1,500個という、これまでに作られた中で最も複雑な電子システムでした。ペンシルバニア大学の15メートル×9メートルの広さの地下室に設置され、稼働時には174キロワットの熱を発生することから、専用の空調設備が必要でした。当初の見積もりでは15万ドル(約5,400万円)でしたが、製作中に40万ドル(約1億4,400万円)にまで予算が膨れ上がりました。

しかしENIACは、現役で活躍することはなく、完成したのは終戦から数ヵ月後の1945年11月でした。ただその後、アメリカの水爆の開発に貢献することになります。

機械の操作

第二次世界大戦の影響で男性技術者が不足していたため、多くの若い女性がENIACに関する仕事に徴用されました。若い女性プログラマーたちの多くは数学科出身であり、「ハードワイヤード（結線）」によるプログラミングを担当し、機械内部のスイッチやケーブルの設定に多くの時間を費やしました。皮肉なことに、彼女たちの仕事を引き継ぐために作られた機械を使って働く前に、まず手作業で計算するために多くの人が雇われました。実際、彼女ら自身は、それまで「コンピュータ」と呼ばれていました。

プログラマーは、新しい計算をするために数日かけて、プラグボードにワイヤーを取り付けることでENIACをセットアップする必要があり、さらに何時間かけて、機械が正しく設定されているかをテストしました。後にCOBOLやFORTRANの開発に携わることになるフランシス・ホルバートンは、最も直感的に機械を正しく動かすことができるプログラマーでした。彼女は、寝ている間によくアイデアが浮かんだと言っています。

ENIACは、電源を入れたり切ったりすると、計算をするのに必要な真空管が切れやすいため、電源を切ることは禁じられていました。真空管は定期的に切れるため、どの真空管が切れたかを調べて交換する必要がありましたが、この作業をわずか15分にまで短縮するまでに改善されました。

水爆

戦後、ENIACの最初の仕事は、当時ロスアラモス国立研究所で始まったばかりのアメリカの水爆計画に関する計算でした。ENIACは、落雷で損傷したため引退し、その後、マンハッタン計画に参加していたニコラス・メトロポリスが、MANIAC（Mathematical Analyzer、Numerical Integrator and Calculator）という素晴らしい名前の水爆専用の新しいコンピュータを設計しました。

コンピュータの黎明期から今日に至るまでの目覚ましいコンピュータの進歩の一例として、ムーア大学の学生たちは、1997年にENIACの50周年を記念して、たった1つのコンピュータチップ上に、ENIACをシミュレートしました。結線接続されたオリジナルのENIACを忠実にエミュレートし、PCから制御することができました。

ENIAC本体は分割され、一部のパネルは、スミソニアン博物館とミシガン大学が所蔵しています。後年、いくつかのパネルは億万長者のロス・ペローに買い取られ、現在はオクラホマ州のフォート・シル軍事博物館に展示されています。

1949年の研究

●研究者……………………………
エドモンド・バークレー
●対象領域…………………………
知能機械
●結論………………………………
パーソナルコンピュータの時代の幕開けに貢献した。

機械は人間のように考えることができるのか？

一家に一台コンピュータがあることを想像できるようになるまで

コンピュータの黎明期には、機械を電子的な道具としてではなく、人間（少なくとも人間の脳）に似たものとして考えることが一般的でした。

このイメージは、ENIAC（77ページ参照）のような初期のコンピュータに関する報道でよく使われ、「巨大な頭脳」によって世界が一変するという希望に満ちた未来を描いた、電子計算機に関する最初の一般向け書籍であるエドモンド・バークレーの『Giant Brains or Machines That Think（邦題：人工頭脳）』でも大々的に記されています。

この書籍は、1949年に出版されています。その前年には、ノーバート・ウィーナーは、自己調整機構について論じた著書『サイバネティクス』を発表し、大きな話題となりました。しかし、バークレーの本は、コンピュータが普及する未来像を鮮明に描き、人々の想像力をかきたてるものでした。

奇妙で巨大な機械

バークレーは次のように書いています。「最近、物凄いスピードとスキルで情報を処理できる奇妙で巨大な機械のニュースがよく報道されている。これらの機械は、肉と神経の代わりにハードウェアとワイヤーでできている脳のようなものだ」

バークレーの結論の中には、楽観的過ぎるものもありました。「機械は情報を扱うことができる。計算し、結論を出し、選択することができる。情報を使って合理的な操作を行うことができる。つまり、機械は考えることができるのだ」

保険数理士であり、コンピュータのパイオニアでもあったバークレーは、1909年に生まれ、それから約10年の間に、巨大なコンピュータをいくつも実際に見ることになりました。その本では、当時存在したいくつかの機械について述べています（そして、そのような機械がすべてを変えてしまう未来も想像しています)。

この本はヒットし、広く影響を与えました。コンピュータの書籍「For Dummies」シリーズの製作者であるパトリック・マクガバンはバークレーの『人工頭脳』を読んで、「三目並べ」で誰にも負けないコンピュータを作ろうと思い立ちました。その結果、彼はマサチューセッツ工科大学の奨学金を獲得しました。

ロボットに対する恐怖

また、この本では、いろんな仕事が奪われるというようなロボットや人工知能に関してよく議論される懸念についても提起しています。ジョン・E・ファイファーはニューヨーク・タイムズ紙に「重要な章では、大規模なコンピュータが社会に与える影響について説明している。これまで、技術分野での失業は、主に手を動かして働く人々に限られていたが、商業用のコンピュータが何百台も製造されるようになると、多くのホワイトカラー労働者であったとしても、真空管の集合体に取って代わられる可能性がある」と書いています。この記事では、大規模なコンピュータは「十数台以下」とされているため、この懸念は、「将来的なもの」であると指摘しています。

さらにバークレーは、ロボットの反乱を警告し、将来、ロボットが人間に物理的な危害を加える可能性があることを示唆しました。核兵器に反対する運動を生涯続けてきたバークレーは、自律的で高度な兵器を激しく非難しました。

単純なサイモン

この本は、一般の人々のコンピュータへの関心を高めると同時に、コンピュータを「頭脳」と呼ぶ習慣を定着させました。バークレーは、そのような「頭脳」で満たされる未来を予見していました。

「人間は機械的な頭脳を作り始めたばかりである。完成したものはすべて子供であり、1940年以降に生まれたものばかりだ。間もなくもっと注目すべき巨大な頭脳ができるだろう」とバークレーは書いています。

おそらく、この本の最も永続的な遺産は、バークレーがこの本で説明した後に作った単純な「機械的な頭脳」であるサイモンだと思われます。これは、しばしば最初のパーソナルコンピュータと呼ばれます。

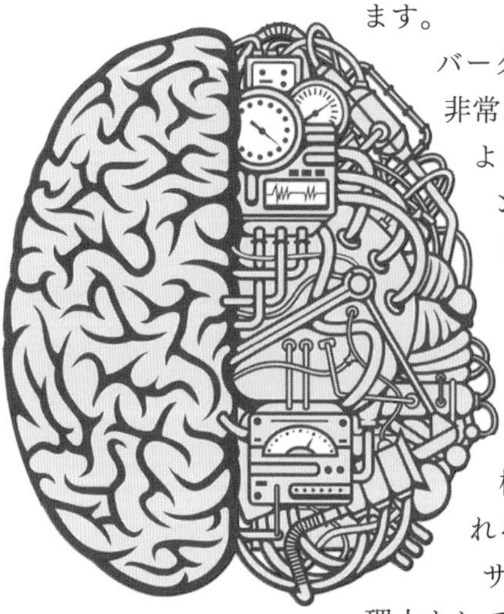

バークレーは次のように書いています。「サイモンは非常に単純で、実際とても小さいため、食料品店の箱よりも小さいスペースで作ることができる。サイモンのような機械的な頭脳の単純なモデルは、実用的でないように思われるかもしれない。しかしそうではなく、サイモンには、簡単な化学実験のセットと同じように、思考と理解を刺激し、訓練と技能を生み出すという教育上の効果がある。機械的な頭脳に関するトレーニングコースでは、機械的な頭脳の簡単なモデルを作る演習が実施される可能性が大いにある」

サイモンは、パンチカード（バークレーが保険数理士として使用していたパンチカードマシン）を使ってデータを入力することで、単純な足し算をすることができました。結果は、本体の背面にあるライトで出力されました。

現代を予言する

バークレーは、この機械が、1960年代の鉱石ラジオブームのように「機械の頭脳」を作るというブームの火付け役になることを期待していました。しかし、この機械は「0」「1」「2」「3」という4つの数字しか表示できないという機能的な制限のため、それは実現しませんでした。

しかし、この機械の体験から、彼は現代の世界が到来するという有名な（そしてかなり正確な）予言をすることになりました。バークレーは、1950年のサイエンティフィック・アメリカン誌の記事の中で、次のように書いています。「いつの日か、冷蔵庫やラジオのように電力線からエネルギーを取り出す小さなコンピュータが一般家庭に置かれるようになるかもしれない。私たちがなかなか覚えられないような事実を、コンピュータが私たちに思い出させてくれるかもしれない。会計や所得税の計算もしてくれるかもしれない。宿題をしている子供は、助けを求めるかもしれない」

機械はチューリングテストに合格することができるか？

機械が知的な振る舞いをする能力を評価する

1950年の研究

●研究者……………………………
アラン・チューリング
●対象領域…………………………
機械知能
●結論………………………………
人工知能は人間になりすますことができる。

どうすれば機械に知能があるか否かを判断することができるだろうか？ 「人工知能の父」と呼ばれるイギリスのコンピュータのパイオニアであるアラン・チューリングは、1950年に「模倣ゲーム」と称する簡単なテストを考案しました。その後の数十年の間に、このテストは「チューリングテスト」として知られるようになりました。このテストは簡単な室内ゲームで、1名は人間、もう1名は機械である2名とは別室に判定員がいます。判定員は、その2人と会話をし、どちらが人間であるかを当てることになります。

チューリングは科学論文「Computing Machinery and Intelligence（計算機と知性)」の中で、機械が判定員に人間であると納得させることができれば、機械がゲームに「勝った」ことになると示唆しましたが、それ以来、このルールはさまざまな異なった解釈がなされてきました。

模倣ゲーム

チューリングは、自分とは別の性別であると嘘をつく男女1名ずつと会話をし、その人の性別を当てるゲームと、機械と人間それぞれと会話をし、それを当てるゲームの2種類を提案しました。もし、コンピュータが、人間が判定員を性別で騙すことができた回数と同じだけ、人間性という側面から騙すことができれば、コンピュータが勝ったことになるとチューリングは示唆しています。

チューリングは、このテストが問題を単純化していることを認めています。彼は、「機械は考えることができるか？」という問いを撤回し、代わりに「模倣ゲームをうまくこなすデジタルコンピュータは存在するか？」という問いを投げかけています。

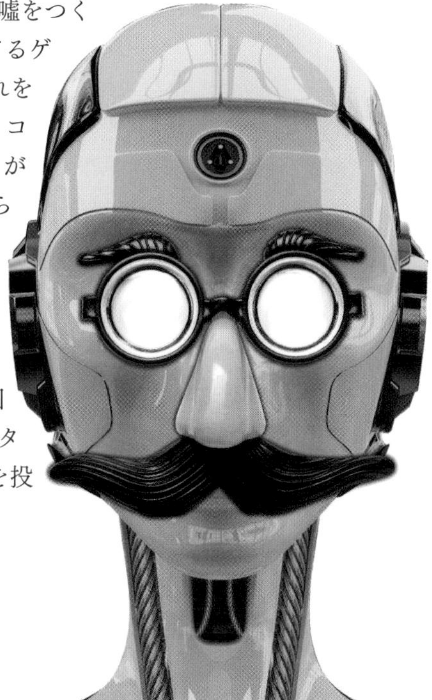

このテストは、「真の」知能を根絶するためでも、それを理解するためでもなく、単に機械が人間の真似ができるか否かをテストするために作られたものです。本来機械は、質問者を欺くために嘘をつくべきだと彼は提案しています。そのため、複雑な数学の質問に答える前には、機械は30秒間の合間をとることで、人間の回答者をよりよくシミュレートすることができるとアドバイスしています。

チューリングは次のように書いています。「私は、私が意識について何の謎もないと思っているような印象を与えたくはない。しかし、私たちが関心を持っているこの問題に答える前に、これらの謎が必ずしも解決されなければならないと私は思わない」

考える機械

チューリング自身は、知的な機械を作るのにかかる時間について、少し楽観的すぎました。彼は、20世紀の終わりには、機械は「考える」ことができるようになるだろうと予測しました。「言葉の使い方や一般的な知識に基づいた考えは大きく変わり、反論をされることなく機械の思考について話せるようになるだろう」と彼は書いています。

チューリングがこの問題を提起してから半世紀以上、AIチャットボットはさまざまな形でテストに「合格」しようと競い合ってきました。論争がないわけではありませんが、さまざまなチューリングテストで「勝利」を主張する研究者がいます。

チューリングテストを試みることができた最初のソフトウェアは、1960年代にMITで開発された人間の会話を模倣するELIZAでした。パターンマッチング（フレーズを探し、同じフレーズに関連付けられた返答をする手法）を使って、人間のような会話を実現しようとしたものです。しかし、開発者のジョセフ・ワイゼンバウムは、ELIZAは人が「彼女」に向かって言っていることをまったく理解していないため、ELIZAがチューリングテストの欠陥を示していると考えました。

1990年に発明家であるヒュー・ローブナーによって創設された毎年恒例のローブナー賞では、これまで何十ものチャットボットが何年にも渡って人間であると判定員を騙そうと競い合いました。

ユージン・グーストマンは実在するのか？

2014年、ロンドンの王立学会で行われたイベントで、ユージン・グーストマンというコンピュータプログラムがチューリングテストに合格したと研究者たちは宣言しました。このプログラムはロシアのサンクトペテルブルクで開発され、13歳のウクライナの少年の会話をシミュレートすることができました。レディング大学の研究者であるケビン・ワーウィックは、「グーストマン」が5分間の自由な会話で33%の判定員を欺き、勝利したと主張しました。

ワーウィックは次のように述べています。「このイベントではかつてないほど多くの比較テストや独立した検証が行われた。さらに、重要なこととして、会話が制限されていないことが挙げられる。真のチューリングテストでは、会話の中での質問やトピックを事前に設定してはいけない。我々はチューリングのテストに初めて合格したと宣言できることを誇りに思う」

彼以外の人の中には、以前にもさまざまなロボットが同様の成功を収めたことを指摘し、ワーウィックの主張に懐疑的な意見もありました。彼は、以前に自分の腕にコンピュータチップを埋め込み、自らを「最初のサイボーグ」と表現するなど、宣伝効果を狙ったイベントに精通していました。批評家たちは年齢が若く、ウクライナ出身であるという設定を利用し、誤った発言を若さや文化の違いが原因であるかのようにして隠そうとするものであったため、「グーストマン」というチャットボットのアプローチは不公平だとも指摘しました。

企業が顧客との最初のコミュニケーション手段として「チャットボット」を導入することが増えており（SiriやAlexaなどの音声アシスタント）、チューリングが想像したようなソフトウェアが日常的に私たちの周りにあり、完全に自然に会話をしています。ここで重要なことは、これらのボットは決して人間であるかのように騙そうとはしないということです。

科学者たちはもはやチューリングテストを人工知能の真の基準とは考えていませんが、チューリングテストは今でも日常生活で重要な手法として活用されています。私たちは皆、オンラインフォームへ入力する際に「逆チューリングテスト」を受けています。自分がロボットでないことを証明するために、ヤシの木や消火栓の画像を選んでいるのです。

1951年の研究

● 研究者……………………
マービン・ミンスキー
● 対象領域……………………
ニューラルコンピューティング
● 結論……………………
脳のようなコンピュータは、生き物のように学習できる。

SNARCとは何か？

人間の脳のように学習する最初のニューラルネットワークマシン

スタンリー・キューブリックは、1968年の映画『2001年宇宙の旅』で、悪い人工知能HALを登場させようと考えたとき、33年後の未来に、人工知能ができることをできるだけ正確に再現することを考えました。彼は、専門家であるマービン・ミンスキーに意見を求め、機械は何ができるようになっているのか（映画では、会話や読唇術、チェスができると描かれています）、どのような外観になっているのか（電子機器が詰まった食器棚のような形をしている）についてアドバイスを受けました。

ミンスキーは、ハーバード大学の学部生であった1940年代に、「学習」できる機械を最初に想像した先見の明のある人物です。博学であったミンスキーは、天職として機械知能に出会うまで、数学だけでなく音楽や生物学も学びました。「遺伝学は、まだ誰もその仕組みを知らなかったので、かなり興味深く感じた。しかし、それにのめり込むべきか否かはわからなかった。物理学の問題は、意味深く、解決可能なものに思えた。物理学をやるのも良かったかもしれない」と、彼は1981年にニューヨーカー誌に語っています。ただどちらも、機械知能のような深みを十分には備えていませんでした。「知能の問題は、絶望的に深遠に見えた。他にやりがいのあることを考えた記憶はない」

細胞の内部

ミンスキーは、神経生理学者であるウォーレン・マカロックと数学者であるウォルター・ピッツが1943年に発表したニューロン（脳細胞）の働きを研究した論文に魅了されました。この論文では、簡単な電気回路を使って、そのアイデアをモデル化していました。

1951年、ハーバード大学の心理学者であるジョージ・ミラーは、ミンスキーに同様の装置を作るための資金を確保し、その機会を提供しました。この機械は、ニューラルネットワークの機能をシミュレートした最初の電子学習システムになりました。

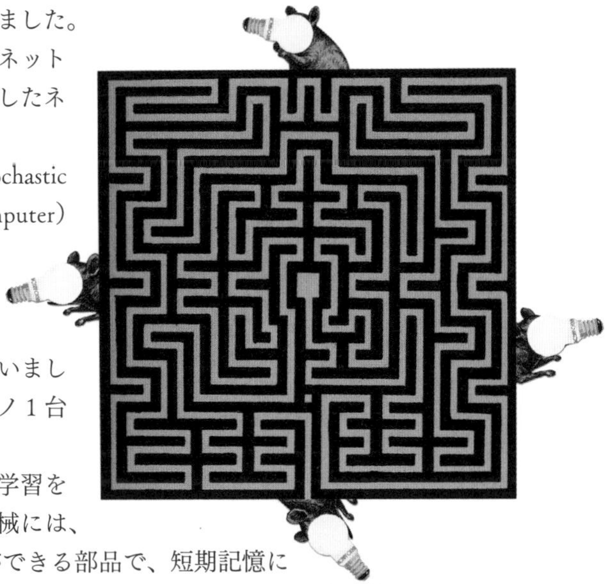

今日広く使われているニューラルネットワークは、人間の脳の構造を模倣したネットワーク構造をしています。

ミンスキーの機械はSNARC（Stochastic Neural Analog Reinforcement Computer）と呼ばれ、チューブ、モーター、クラッチ（さらにB-52爆撃機の制御盤の予備部品）によって作られた40個のシナプスを搭載していました。その大きさは、グランドピアノ1台分にもなります。

SNARCのアイデアは、正解の学習を「強化」することでした。この機械には、コンデンサ（電荷を蓄えることができる部品で、短期記憶に使われる）とポテンショメーター（電位差計で、音量調節や長期記憶に使われる）という記憶機能を持っていました。

ニューロンが発火すると、そのことをコンデンサが記憶します。もし、システムに（研究者がボタンを引くことによって）「報酬」が与えられた場合、40個すべてのニューロンを接続しているポテンショメーターの値は、ニューロンが発火する未来の確率を増加させるように更新されます。これらの複合的な効果により、正しい判断ができるようになります。

機械の中のネズミ

ミンスキーは、迷路で餌を探そうとする「ネズミ」をシミュレートする形で、この機械をテストしました。結果をどのように観測したのかは、機械本体が失われているため、完全には明らかにはなっていません。SNARCを作った後、ミンスキーはダートマスの学生たちに機械を貸し出しましたが、10年後に返却を求めたときには、その機械は消失していました。ミンスキーとエドモンズは光を使って「ネズミ」の行動をシミュレートしていたと考えられています。

「何回か試行錯誤を繰り返すと、正しい選択の強化に基づき機械は論理的に『考える』ようになる」とミンスキーは語っています。「ネズミ」は初めランダムに行動しますが、「正しい」選択をしていくことで、機械は同じ選択をしやすくなっていくということを意味しています。

またミンスキーは、別のことにも気づきました。「電子的な設計上のトラブルのため、2、3匹のネズミを同じ迷路に入れても、そのすべてを追えることが判明したのです。実は、ネズミは、お互いに影響し合っていたのです。1匹が良い道を見つけると、他のネズミもそれに従う傾向があったのです。私たちはしばらくの間、科学をやめて、この機械を観察したものでした。その小さな神経系が、一度にいくつもの活動を行うことができることに驚きました」

脳を持つ機械

ミンスキーはその後、1969年にシーモア・パパートとの共著で執筆した『パーセプトロン』で、ニューラルネットワーク研究の新分野の限界について指摘しました。当時、この書籍のせいで、この分野に研究資金が集まらなくなったと非難されました。

しかし近年、ニューラルネットワークが普及し、現在では「深層学習」に広く用いられています。ネットワークは「ノード」の層で構成され、例（例えばラベル付き画像）を使って学習し、他の例を認識することができます。

これらの考え方は音声認識や翻訳ソフトなどにも広く利用されています。グーグルのAI「ディープマインド」が囲碁で世界最高の棋士に勝った際には（155ページ参照）、「ニューラルネット」を使ってうまく打つ方法を学習し、まったく新しい戦略を考案しました。

グーグルは、ニューラルネットを使って人工知能用の新しいチップを設計する実験も行っています。まるで『2001年宇宙の旅』のHALのようで、ちょっと怖さを覚えます。

人工知能はいつ生まれたのか？

1956年の研究

●研究者……………………………
ジョン・マッカーシー
●対象領域…………………………
人工知能
●結論………………………………
AIの課題を定義した（そしてこの分野を生み出した）。

ダートマス会議

人工知能という言葉は、1955年８月に「知的な機械を作る」と題したワークショップの提案の中で造られました。ニューハンプシャー州のダートマス大学で数学科の助教授をしていたジョン・マッカーシーが提出したこの提案書は、1950年代初頭に多くの科学者が感じていた「人工知能は手に負えない問題ではなく、近い将来実現できるかもしれない」という楽観的な考えを浮き彫りにしたものでした。このような論文の言葉を今読むと、人工知能は遅くとも10年以内には完成する可能性のあるものであるかのように聞こえます。

マッカーシーは、「人工知能」という言葉を造った人物と言われ、彼はそれを「知能を持った機械を作る科学と工学」と定義しました。マッカーシーがこの会議で考えたことは、「機械に言語を扱わせ、抽象化や概念を形成させることで、現在人間にしかできないような問題を解決し、自分自身を改善できる方法を見つける」というものでした。現在の人工知能の目的は、「人間がすれば知的と言われるような振る舞いを機械にさせる」というものと考えられています。

思考する機械

最初のニューラルネットを使った装置（86ページ参照）を発明したマービン・ミンスキーら約50人の学者が参加し、翌夏の７月から８月にかけてワークショップが開催されました。一般に、人工知能という分野の発祥の地とされており、出席した数学者や科学者の多くは、その後、AIの分野で独自のブレークスルーを達成しました。

しかし、この提案の文言は、近い将来、コンピュータで人間のような知能を再現できるという非現実的な楽観論を

多くのAIの著名人が抱いていたという事実を浮き彫りにしました。それから60年以上たった今でも、この提案で予測されたことは実現されていません。

AIや機械学習システムは、自然言語で話すなど、人間のようなことはできますが、ダートマス会議に参加した多くの人が想像していたような知能を持ったシステムではありません。

提案書には、「慎重に選ばれた科学者のグループがひと夏の間一緒に取り組めば、これらの問題のうちの１つ以上で大きな進歩が期待できると考えている」と書かれていました。研究者たちが解決することを気楽に望んでいた問題には、人間の脳をシミュレートするコンピュータ、ニューラルネット、言語を扱えるコンピュータ、自己改善する機械などが含まれていました。

「現在のコンピュータの速度やメモリ容量は、人間の脳の高次機能の多くをシミュレートするには不十分かもしれないが、主な障壁は、機械の性能不足ではなく、人間の能力を最大限に再現できるプログラムを書くことができないことにある」ということも提案書には書かれていました。

AIの冬の時代（冷遇されてもロボットやコンピュータの研究が続けられるか？）

1950年代の高価で遅いコンピュータでも賢いソフトウェアを書けば人工知能を作ることができるという考えは、完全に間違っていました。ダートマス会議の他の多くの予測も同様でした。

1960年代から1970年代にかけて、コンピュータの性能の向上（ならびに、価格の下落）により、人工知能への関心は依然として高いままでした。しかし、真の人工知能（または、言語を理解し、自己改善できる機械）に似たものを実現できなかったため、1970年代後半から1980年代にかけて、この分野への資金提供は減少し、「AIの冬の時代」とも呼ばれる事態を招きました。

1973年に教授のジェームズ・ライトヒルは、イギリス議会から、イギリスにおける人工知能研究の状況を評価するように命じられました。彼の報告書では、人工知能がその壮大な目標を達成できなかったことを批判しています。「この分野では、これまでになされた発見が、当初約束されていたような大きな影響をもたらしたことは一切ない」と彼は書いています。これは、AIのアルゴリズムが現実世界の問題を対処できないことを示唆し、まずイギリスで、次いでアメリカで研究費が削減されることになりました。

人工知能への関心は、数十年後に再び高まることになりますが、人間のような知能を作ることができるというダートマス会議の参加者たちが唱えた盲目的な楽観論ではなく、ニューイングランドの暑い夏に少数の科学者が解決できる問題に対してでした。

機械哲学

マッカーシーはその後、人工知能の哲学分野で貢献し続け、「サーモスタット（温度を調整する装置）のような単純な機械にも信念があると言える。信念を持つことは、問題を解決する性能を持つほとんどの機械の特徴であるように思われる」と書いています。

彼は、AI研究が単に同じ問題をより速く処理することに集中しすぎていると感じ、チェスでガルリ・カスパロフを破ったスーパーコンピュータであるディープブルー（119ページ参照）のようなシステムに失望しました。

マッカーシー（2011年に死去）は、晩年になっても、現代のAIのような適用範囲が狭く、力業的なアプローチではなく、チューリングテストに合格できる機械がいつか誕生することを望んでいたと同僚のダフニー・コラーは話しています。「彼は、人間レベルの知能を実際に再現した人工物を作るという視点から人工知能を見ていた」

1960 年の研究

●研究者……………………………
ジョン・チャバック
●対象領域…………………………
学習ロボット
●結論………………………………
ロボットは主体的に自分自身に「餌」を与えることができる。

ロボットは自分の面倒を見ることができるか？

「ビースト」が自分自身を充電することを学習する方法

NASAの火星探査ロボット「マーズソジャーナ」が火星を探査するまでにまだ30年はかかることとなりますが、1960年代の初め、メリーランド州ボルチモアにあるジョンズホプキンス大学の専門家は、すでに自力でサバイバルできるロボットを作る方法を考えていました。

火星の表面ではありませんが、著しく劣悪な環境を再現したジョンズホプキンス大学にある応用物理学研究所の廊下を自力でサバイバルできるように設計された「ビースト」と「フェルディナンド」という２台のロボットが開発されました。

奇妙な姿のモンスター

サバイバルの定義とは、迷子にならないこと、障害物で動けない状態にならないこと、充電されている状態を保つことと定義されました。ロボットは、センサーで充電ソケットを探し出し、自力でこれを達成することができました。ビーストの改良型には、人間からの入力なしに40時間動き続けたという記録があり、走行不能になったのは、ロボットの機械的な故障によるものだけだったと研究者の一人は言います。高さ60センチのロボットは、迷路を脱出しようとしている人間のように、一本の腕を伸ばして壁に沿って進むことで探索しました。研究所の専門家たちは、このロボットが深海や太陽系の他の惑星を探査するロボットの基盤になることを期待していました。

ジョンズホプキンス大学のロボット工学の専門家で、後に月を目指すアポロ計画で誘導装置の設計に一役買ったジョン・チャバックは、フェルディナンドを「奇妙な姿のモンスター」と表現し、それを制御するトランジスタとマイクロスイッチを「シミュレートされた神経系」と考えました。デモンストレーションでは、ビーストとフェルディナンドが、(「ここはとても雑然とした環境だ」と彼が笑うほど) 乱雑なオフィス環境で、出入り口を横切ったり、椅子でいっぱいのオフィスを通り抜けたりしながら、どのようにサバイバルするのかを示しました。

各ロボットにはセンサーが搭載されており、壁のコンセントを探して充電することができます。充電が完了すると、別のモードに切り替わり、再び探検に出発します。

このロボットには、スリープ、充電、高速、低速など21種類の動作モードがあり、コンピュータから制御することができました。ビーストの２号機（Beast Mod II）は、重さ45キログラム、幅50センチメートル弱の大きさでした。内部には150個のデジタル回路とサーボモーターが搭載され、突起を伸ばして充電することができました。

コウモリのような移動

壁に接触して動けなくなった場合、脱出するために「振動」モードに切り替わります。周囲の状況を感知し、充電器の突起を正しい場所に誘導するために、一連のマイクロスイッチを搭載していました。もし、最初の試行で失敗した場合、もう一度やり直し、その後、別のコンセントを探すためにナビゲーションモードに切り替わります。コウモリのように音響を利用し、壁に触れることなく廊下を移動することができます。両側から出した音波が壁に当たって跳ね返ってくる時間を計測し、経路の中央を維持できるようになっています。

光学システムによって、実験室の壁に点在する黒いカバーのコンセントを認識することができました。しかしチャバックは、椅子の脚など、サバイバルに必要な充電パネルとほぼ同じ形のものと間違えやすいことを認めています。

ビーストとフェルディナンドは、どちらも人が操縦することはできましたが、それらは完全に自律していました。しかし、後のロボットとは異なり、それらが置かれている環境から学習することはできませんでした。

学習が行われていなかったわけではありません。応用物理学研究所は、このロボットの能力を紹介するビデオの中で、「このロボットは環境から学習していないが、設計者はロボットから学習している」と述べています。研究者たちは、ロボットにさらにセンサーを追加し、劣悪な環境でも探索できるロボットとして使えるようなものにしたいと考えていました。

ビーストは、しばしば「プレ・ロボット」と表現されるように、古典的なサーモスタット（温度を調整するための装置）とヒーターを組み合わせたようなサイバネティックシステム（人間の頭脳をシミュレートしたようなシステム）です。サーモスタットが特定の温度に到達したというゴールを設定するように、ビーストに搭載された電子機器は、充電ポイントを見つけ、バッテリーを充電するというゴールを設定します。コンピュータは搭載されておらず、プログラミングもされていませんでした。

ジョンズホプキンス大学の研究者であるロナルド・マコーネルは、サイエンティフィック・アメリカン誌で、「このロボットはNBCの短い特集などマスコミの関心を集めたが、NASAを含む政府機関は関心を持たなかった。ARPA（アメリカ高等研究計画局、現在のDARPA）も来たが、初期の地球の近傍を有人宇宙飛行する時代には、月や火星、地球の海底を探査するロボットのプロトタイプにはあまり興味がなかった。ジョンソン・ワックスは、床磨きロボットが実現可能か否かを知りたがっていた」と書いています。

現在では、ロボット掃除機などでも、ロボットが自力で充電台まで戻ってくるシステムが身近になりました。ホンダのヒューマノイドロボット「アシモ」にも、Anki社の「Vector」というおもちゃのロボットにも、自分で充電器を探す機能が搭載されています。

ロボットは人間の仕事ができるのか？

産業用ロボットが世界を変えた

1961年の研究

●研究者……………………………
ジョージ・デボル
●対象領域…………………………
ロボットアーム
●結論………………………………
ロボットは製造業に革命をもたらした。

1956年、あるカクテルパーティーで、２人のアメリカ人エンジニアがSF小説、特に、アイザック・アシモフによるロボットに関する小説について、それに登場する召使いロボットやロボットが人間の主人に危害を加えないようにするために定義された「ロボット工学三原則」に対する共通の関心事について語り合いました。アシモフは『アイ・ロボット』などの作品で、慈悲深いロボットが人間と一緒に働く遠い未来を描いています。

ジョージ・デボルは、プログラム可能な物品搬送装置の特許を取得したと説明しました。もう１人のエンジニアであるジョセフ・エンゲルバーガーは、「私には、それはロボットのように聞こえる」と興奮気味に述べました。

エンゲルバーガーは、デボルから特許ライセンスの供与を受け、最終的に生産ラインで使われる最初のロボットアームであるユニメートを開発しました。現在でも、同じようなものが使われています。

この２人が製造業の世界を大きく変えていくことになりますが、当初、２人が手を組んで作ったロボットを売り込んだ企業からは、信じられないほどの敵意を向けられました。多くの人には、そんな装置が実現できることが、ただ単に信じられませんでした。エンゲルバーガーは、この機械に投資してくれる人を説得するまでに、40社に声をかけました。「普通のビジネスマンにロボットを理解してもらおうなんて……SFか何かの話だと思われた」とデボルは言っています。２人が出会ってから５年後の1961年まで、このロボットに対する特許は登録

されませんでした。そしてついに、最初のユニメートロボットをゼネラルモーターズ社に納品しました。
ユニメートが行った最初の仕事は、ニュージャージー州ユーイングタウンシップにあるゼネラルモーターズ社の工場で、溶銑部品を持ち上げて積み上げることでした。人間にとっては危険で不快な作業でしたが、プログラム可能なロボットアームにとっては、いとも容易いことでした。

代わりに仕事をしてくれる？

ユニメート1900シリーズはすぐに大量生産され、アメリカではすぐに400台以上のロボットアームが稼働することになりました。このロボットは、世界中を魅了しました。テレビ番組「ジョニーカーソンショー」に登場し、ゴルフボールをカップに入れたり、ビールを注いだりしました。また、アコーディオンを演奏しようとしましたが、これはあまりうまくいきませんでした。カーソンは、この機械が「誰かの仕事を代わりにできる」と驚嘆しました。
ユニメートはプログラム可能で、命令を記憶することができる磁気ドラムを搭載していました。装置には、センサーは付いていませんでした。できることは、同じ仕事を何度も繰り返すことだけでした。クライスラー社などがユニメートを買い増し（溶接やスプレー塗装などができる新型も登場し）、この技術は日本でも普及すると共に、日本の自動車産業が世界的に躍進するきっかけとなりました。
その後の数十年で、日本はもとより中国も、熱心にロボットを使うようになりました。国際ロボット連盟によると、現在、世界中の工場で270万台の産業用ロボットが稼働しており、アメリカの科学雑誌『ポピュラーメカニクス』は、ユニメートのロボットアームを20世紀の発明ベスト50に選出しました。

ホットドッグとハンバーガー

独学で学んだデボルは、1940年代に電子レンジのようなものを発明しました。「スピーディウィーニー（Speedy Weeny）」と名付けられたコイン式の機械で、調理したホットドッグを提供しました。彼の家では、妻が同じような機械でハンバーガーを作っていました。また、「ファントムドアマン」として宣伝された自動ドアも開発しました。デボルは生涯で40以上の特許を取得しました。

後にコンピュータワールド誌のインタビューで、彼は、「独学で学んだことが足かせになったことはない。私はいつも、誰も何も知らないような産業の分野に足を踏み入れてきた。情報を得る場所がなかったので、自分で作り出したんだ」と言っています。

エンゲルバーガーとアシモフ

エンゲルバーガーは「ロボット工学の父」と呼ばれるようになり、単に技術のパイオニアというだけではなく、病院から宇宙探査まであらゆる分野でロボットを活用することを精力的に提唱し続けました。NASAには宇宙でのミッションにおける自動化について助言し、彼が開発した広く利用されている病院用搬送ロボット「ヘルプメイト」のような病院向けロボットの開発にも取り組みました。

コロンビア大学の物理学部に在籍していたエンゲルバーガーに、アシモフはインスピレーションを与えたことから、「ちょうど良いタイミングで多作な作家活動を始めてくれた」と、後にエンゲルバーガーはアシモフに感謝しています。エンゲルバーガー自身の著書『ロボティクスインプラクティス（Robotics in Practice）』には、アシモフが序文を寄せており、その中で「ロボットは人間に取って代わるのか？ロボットができる仕事は、人間の尊厳に反しない単なる雑務ぐらいだろう。人間には、もっと人間らしい仕事があるはずだ」と書いています。

「ロボットは着実に進歩し、私が10代の頃に想像したように、世界中にある雑務という仕事をロボットがどんどん担い、人間は、創造的で楽しい仕事にもっと時間を使えるようになるだろう」

第5章 弱肉強食

1970年～1998年

ロボットは生物から新しい能力を学ぶことができるのか？　1980年代、一部の研究者は、ロボットが昆虫などの動物、さらには人間のように振る舞うことができると考え始めました。「トト（TOTO）」などのロボットは、単純なネズミのような「脳」を使って環境を探索することを学びました。また、研究者のシンシア・ブリジールは、小さな子供のように（そして、彼自身も子供のような好奇心を持って）感情的に反応するように作られた最初の「ソーシャルロボット（日常社会で活動できるロボット)」を開発しました。

MITの巨大な水槽では、「チャーリー」という名のマグロ型のロボットが潮流に逆らって延々と泳ぎ続けており、研究者は本物の魚がど

のように水中を推進するのかをそれから学ぶことができました（そして、海中を探索する新しいロボットの設計をすることができました）。

一方、ホンダのロボット技術を象徴する「アシモ」は、初めて人間のように歩くことができ、ロボットによるサッカーチームが2050年までに世界最高峰の人間によるチームを打ち負かすというミッションに乗り出すなど、他のロボットも人間の挑戦に直面することになりました。1997年には、AIと人類の歴史の転換点となるIBMの食器棚サイズの「ディープブルー」というコンピュータが、チェスで勝利を収めるのでした。

1970年の研究

● 研究者
チャールズ・ローゼン
● 対象領域
自律移動ロボット
● 結論
ロボットは自ら移動し、障害物に対処することができる。

「シェイキー」はどう考えたか？

自律移動が世界を変えた理由

現在、私たちの多くは、グーグルマップなどのスマートフォンアプリのおかげで、目的地への行き方をコンピュータに教えてもらうことができ、それを何気なく使っています。1964年、カリフォルニア州のメンロパークにあるスタンフォード研究所の機械学習グループ長であるチャールズ・ローゼンが、米国国防総省の研究部門であるARPAにこのアイデアを提案したとき、コンピュータが自ら経路探索を行うというアイデアは最先端なものでした。

自分で経路を探索するロボットは、それまでSFの世界にしか存在していませんでした。ローゼンは、通常なら人間の知能を必要とするような「偵察任務」をロボットが遂行することができると提案し、資金提供を依頼しました。ARPAは、このプロジェクトに関心を示し、1966年に支援を表明しました。

そうして開発された「シェイキー（Shakey）」は、今日多くの人が「ロボット」として認識しているものに似た最初の機械でした。ロボットと人工知能をめぐる議論に火をつけたこのロボットは、後にアシモ（127ページ参照）のようなロボットが有名になったのと同じように、メディアで象徴的な存在になりました。

「この温暖なカリフォルニアの町にある窓のない無菌状態の研究所で、不格好なオートマタが、複雑な作業を自分で行うことを学ぶための最初の一歩を踏み出した」とニューヨーク・タイムズ紙は書いています。「エンジニアの『親』によれば、この機械はまだ『非常に間抜けな機械』であって、できることと言えば、障害物だらけの部屋の中を弱々しく『認識』して、ある地点から別の地点へ移動するだけである」。ニューヨーク・タイムズ紙がシェイキ

ーを「赤ん坊」に喩えたのに対し、ライフ誌は「最初の電子人間」と評しました。

プロモーションビデオの中で開発チームは、「私たちの目標は、『シェイキー』に知性に関連する能力、計画や学習のような能力を与えることです。私たちの研究の主な目的は、宇宙探査から産業の自動化まで、さまざまな仕事でロボットが採用されるようにプログラムを設計する方法を学ぶことです」と語っています。

赤か白かの世界

シェイキーは、ビデオカメラで「見る」ことができ、猫のひげのようなセンサーで「感じる」ことができ、子供の遊び場で使われているような四角いブロックで作った研究室の迷路を自ら移動することができました。レーザー距離計が作動するのに十分な光を反射しつつ、ロボットのモノクロの視界を鮮明にするため、シェイキーが活動する世界にあるものはすべて、白か赤に塗られていました。

このロボットは、無線で研究者と通信し、モーターで制御される車輪で移動しました。また、前方にあるブロックを動かすことができるプッシュバーも装備されていました。シェイキーの研究者の一人であるピーター・ハートは、このロボットのことを「車輪のついた電子制御の棚」と表現しました。シェイキーのユニークな能力の鍵は、「思考」が洗濯機サイズのユニット自体の内部では行われていないということでした。1969年時点のビデオでは、シェイキーは、重さ数トンのPDP-10というコンピュータに接続され、センサーからのデータを処理し、車輪を動かすモーターに命令を送信していました。

推測航法

シェイキーは、車輪の回転を数える「推測航法」で移動しますが、カメラを使って自己位置を「確認」し、自分のいる研究室の簡単な地図を作成することで移動経路を記録することができました。「ROLL（回転）」や「TILT（カメラの上下）」などの簡単な命令をしたり、研究室の特定の場所に「GOTO（移動）」するよう命令したりすることも可能でした。このロボットには、テレタイプ（電気機械式のキーボード）で命令を出し、ブラウン管（旧式のディスプレイ）で何をしているかを表示させることができました。

シェイキーが優れていたのは、予期せぬ障害に対応する能力でした。ロボットの行く手に箱を置くと、シェイキーは箱を見て、それが何であるかを判断し、箱から離れるように計画を修正し、別のルートからゴールへ向かいます。研究者たちは、ロボットの思考を画面上で見ることができました。

このロボットは、STRIPS（Stanford Research Institute Problem Solver：スタンフォード研究所問題解決手法）という計画を行うソフトウェアによって、ブロックを押したり、電気のスイッチを押したりする「ミッション（指令）」に対処することができました。「もし、シェイキーに何かいたずらをしたら、STRIPSは新しい計画を立てることができる。当時としては、本当に複雑なプログラムだった」と、このプロジェクトに携わったニルス・ニルソンは言っています。

シェイキーは、７つの部屋が繋がっている環境の中で、特定の場所を探し出すことができました。また、人間の研究者の指示により、障害物となるものを避けながら指定された箱をプッシュバーで押してグループ分けをすることができました。

しかし、このロボットは、変わった行動をとることもありました。「シェイキーは時々、自分がやっていることを止めて、グルグルと360度回転し始めることがあった。そこで、プログラムコードを詳細に確

認してみると、ケーブルをほどくためのプログラムが入っていること
が判明した」とピーター・ハートは言っています。当初、ロボットに
は長いワイヤーが取り付けられており、それを自分でほどくようにプ
ログラムされていたのでした。

ロボットはもういらない

このプロジェクトは、最終的にARPAによって中止されました。しかし、シェイキーのナビゲーションとプランニングの方法は、その後50年にわたってさまざまなロボットに衝撃を与えると共に、ビデオゲームから火星探査まであらゆるものに影響を与えることになりました。

ロボットが色鮮やかなブロックで作られた迷路を探索するために考案された計算方法は、現在でも自動運転車のソフトウェアに使われており、携帯電話に道案内を頼んだ際には、シェイキー用に設計されたアルゴリズムが動いています。

ビル・ゲイツがかつて、「ソフトウェアが目指すべき非常に高い目標は、純粋なソフトウェアの能力と物理的なロボットの能力を兼ね備えた人工知能である。60年代には『シェイキー』というロボットがあった。それを見て『私が取り組みたいのはこれだ。このロボットをもっと良くすることだ』と言ったのを覚えている」と発言したことは有名な話です。

現在、シェイキーは、カリフォルニア州のマウンテンビューにあるコンピュータ歴史博物館のガラスケースの中に展示されています。

1987 年の研究

● 研究者……………………
ジョン・アドラー
● 対象領域……………………
放射線外科治療
● 結論……………………
ロボットによるがん治療が何千人もの命を救った。

ロボットにがんは治療できるのか？

「サイバーナイフ」による手術

ジョン・アドラー博士は、「サイバーナイフ」というロボット放射線照射システムの開発をあたかも脳の手術をしているように扱ったが、すべてがうまくいかなかったと言います。自分自身を前向きに奮い立たせ、一歩ずつ進んでいくしかなかったのでした。しかし、サイバーナイフの開発は、どんな脳外科手術よりもはるかに長い道のりであることが判明しました。

アメリカの脳神経外科医であるアドラーは、スタンフォード大学の同僚たちが、自分の提案したロボット放射線照射装置の設計が無駄になると考えており、それを「アドラーの愚行」と表現していたことを知っていました。

そして、このアイデアをベンチャーキャピタルに売り込んだところ、その装置の大きさ（高さ２メートル）と１台350万ドル（約４億円）というコストにショックを受けました。「経済的にも実現可能で、医学的にも優れているとは誰も信じてくれなかった。言うだけ無駄だった」とアドラーは言いました。

ロボット外科医

しかし、サイバーナイフは、何千人もの命を救い続け、一部のがんの治療法を根本的に変えることになると思われます。現在、世界中の数十もの病院や医療センターに設置されているこの装置は、治療中の患者の体の画像を撮影できるロボット放射線照射システムです。つまり、サイバーナイフは非常に正確に動作し、通常は治療不可能な腫瘍にも複数の角度から放射線を照射することができます。

この装置の線形加速器または直線加速器は、ロボットアームに直接搭載され、放射線治療に使われる高エネルギーのＸ線や光子を照射します。患者さんの呼吸と同期して、適切な場所に確実に放射線を照射することもできます。

しかし、アドラーがこのアイデアを最初に思いついた1987年当時、サイバーナイフを実現するための技術はほとんど存在せず、この装置を開発することは、技術的に悪夢のような状況でした。

1985年、スウェーデンで特別研究員をしていたアドラーは、放射線照射装置の発明者であるラース・レクセル教授が開発した「ガンマナイフ」と呼ばれる機器に触発されました。この装置は、放射線ビームを誘導するために、患者の頭部を金属のフレームで囲み込む、中世の拷問器具のように見えなくもないような外観でした。

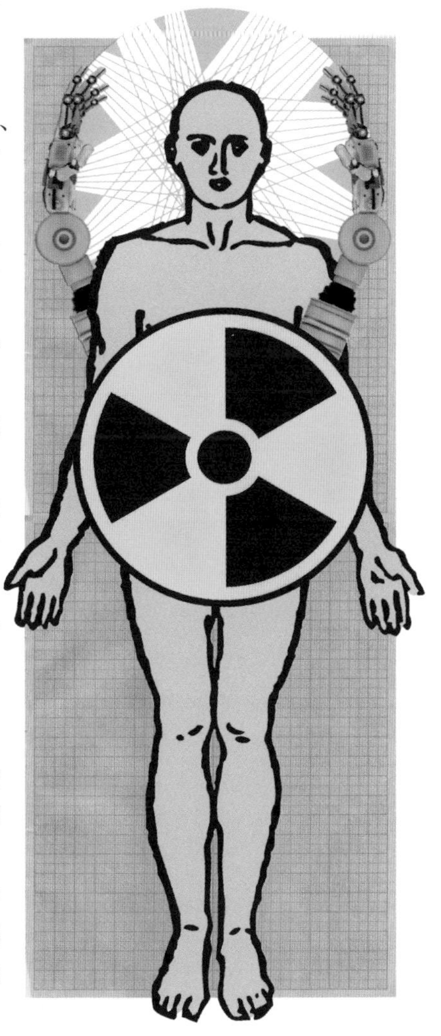

レクセル自身は、彼の考えに反対しながらも、従来からの外科手術に代わるものがあるはずだと信じていました。「外科医が使う道具は、タスクに適したものでなければならず、人間の脳に関する場合は、あまり洗練されすぎてはならない」と彼は言いました。

ガンマナイフは操作が面倒で、セットアップに時間がかかりました。しかし、効果はありました。アドラーは、患者が治療から2日後に傷跡もなく退院するのを見て、「これこそ未来だ」と実感したと言います。商業的に実現するには20年近くかかると思われますが、彼のアイデアは、ロボット工学という新しい科学を利用することで、ガンマナイフをさらに洗練させるものでした。

さらなる進化

アメリカへ帰国後、スタンフォード大学の技術者たちと細部を詰めることでアドラー自身が開発したサイバーナイフは、ソフトウェアによって制御され、軽快なロボットアームが患者の周りを動き回り、狙ったところに的確に放射線を照射しました。少なくとも、そのような理論の装置でした。

このシステムの初期のテストは、すぐには成功しませんでした。ある高齢の女性の脳腫瘍をフレームレス装置で治療しましたが、ソフトウェアのバグにより、手術はほぼ午後中いっぱい続くことになってしまいました。アドラーは、「ほとんどの場合、フレームを使った放射線治療の方がはるかに簡単だっただろう」とアドラーは認めています。「しかし、臨床段階の最初の第一歩を踏み出したのだ」とも言っています。

この女性は残念ながら、その後の経過観察としてのMRI検査も間に合わず、間もなく亡くなりました。死因は不明でした。

アドラーが直面した技術的な問題は甚大で、技術者とともにバグの修正に奮闘し、スタンフォード大学に1台しか設置されていなかったサイバーナイフの初期型では、月に1人しか患者を治療することはできませんでした。

成長痛

その後、サイバーナイフの販売会社であるアキュレイ社を立ち上げましたが、ここでも災難続きでした。1994年のクリスマスに購入予定の企業が撤退し、翌年早々には資金繰りがつかなくなり、社員の3分の2が解雇される事態となりました。

1999年、アドラーはCEO（最高経営責任者）に就任しました。「みんな争い合っていた。醜い状態だった。お金もないし、みんなお互いを憎み合い、顧客からも嫌われていた」と彼は言います。しかしその頃、アメリカの食品医薬品局（FDA）は、サイバーナイフをまず脳腫瘍に、次いで全身の腫瘍に使用することを許可しました。

アキュレイ社は、徐々に顧客を見つけ、それを維持し、新しいシステムを開発し続けることで、世界中の病院に販売しました。今日、アドラーは、画像誘導放射線治療（IGRT）という分野全体を作り上げたと評価されています。

最新のサイバーナイフS7は、患者の動きにリアルタイムで同期し、数千ものさまざまな角度から、人間の外科医からの入力なしに、ミリメートル以下の精度で放射線を照射することができます。

サイバーナイフは現在、世界中で10万人以上の患者の治療に使用されています。一方、他のテクノロジー企業は、遠隔手術ができるロボットの開発を進めています。これは、外科医が別の国や大陸にいても患者の手術ができることを意味します。

機械は行動から学ぶことができるのか？

「TOTO」は、機械が学ぶことを促進させた

1990年の研究

- ●研究者……………………
  マーヤ・マタリッチ
- ●対象領域…………………
  行動に基づくロボット工学（行動ベースのロボティクス）
- ●結論………………………
  ロボットはネズミのような脳を使って経路探索方法を学ぶことができる。

ネズミが脳の中で地図を作るように、ロボットの制御システムをその周囲の地図を作ることに利用できないだろうか？　これは、ロボット工学では決して達成されなかったことでしたが、1990年代初頭にMITで作られたロボット「TOTO」は、自ら地図を作るだけでなく、前に付けた目印（ランドマーク）に再度到達することで、迷路の中のネズミと同じような方法で経路探索することができました。

ロボット工学者のマーヤ・マタリッチによって作られたTOTOは、階層型の制御システムを持っており、障害物を避けながらランダムに環境内を移動する基本的な制御と、その上位に作られたより高度な制御を同時に実現していました。ロボットはランダムに移動しながらソナーとコンパスを用いて環境地図を作成し、それを基にすでに訪れたことのある場所に到達することができました（ロボットに取り付けられたボタンでコマンドを受け付けることもできました）。マタリッチは、「迷路を探索する脳を持っているネズミのようなもの」とロボット「TOTO」のことを表現しました。

ボトムアップ型のロボット工学

TOTOは、MITのロドニー・ブルックス（後にロボット掃除機「ルンバ」を開発。〈138ページ参照〉）が提唱した「行動ベースのロボティクス」の一例でした。ブルックスは、境界線をまたがない、散らかった場所に近づかないなど、一連の単純な行動がロボットの動きを造り出すという行動に基づくシステムのアイデアを提唱しました。これはボトムアップ型のロボット工学とも呼ばれ、ブルックスは、特に知的でないにもかかわらず、瞬時に意思決定することができる昆虫が取っている方法からヒントを得たと言って

います。行動ベースのロボットは、まず行動し、後から考えることで、あらかじめプログラムされた行動（または知能）をあまり持っていなくとも、探索し、目標に到達することができます。これがTOTOの行動原理です。

他の行動ベースのロボットと同様に、TOTOの行動は階層化されており、上位の階層が下位の階層を「上書き」します（例えば、以前に訪れたことのあるランドマークまでTOTOを移動させるなど）。

迷路の中のネズミ

このシステムを利用して作られたロボットは単純でしたが、比較的知的な行動をとることができ、問題の解決方法が昆虫（またはネズミに似たTOTO）にしばしば似ていました。

TOTOの場合、ロボットが探索するラボの環境を効率的に地図化することができました。その作成された地図は、単にTOTOが事前に別の場所で行ったものでした。

障害物のない直線を長時間移動すると「廊下」、壁を検知すると「右側の壁」や「左側の壁」、散らかった場所をさまようと「散らかった場所」と地図を作成（マッピング）します。

TOTOのランドマーク検出レイヤーがランドマークを検出すると、そのことがTOTOのすべての地図作成行動と照合されます。一致した場合、その行動がアクティブになり、TOTOは地図上の自分の位置を知ることができます。またシステムも同時に、他のエリアには行動を抑制するように設定し、一度に１つのエリアだけがアクティブになるようにすることで、TOTOは自分の位置をより確実に把握することができました。

一致するランドマークがなければ、制御システムは新しいエリアを「作成」し、TOTOが迷路のような世界を探索できるようにします。TOTOは、その地図を基に、次に出てくる地図のエリアと行動を予測しようとします。それが正しければ、ロボットは自分が正しい場所にいることをさらに確信します。

人間にとって、自分がどこにいるのかを知ることはとても簡単です。特に、自分の家やオフィスなど、毎日移動する環境ではそうです。しかし、ロボットにとっては、非常に厄介な課題です。

世界を探索する

TOTOは自分のいる場所を把握できるため、以前に訪れたことのあるランドマークへも移動することができました。研究者たちは、目標となるランドマークを定義し、実際にTOTOがランドマークへ向かう行動に達するまで（ロボットが実際にいる位置でそのような行動になるように）、ランドマークが地図上の近くの場所での行動をメッセージとして送り続けます。そしてTOTOは、到達すべきランドマークへの最短経路となる最短リストを見つけるまで、行動のリストを並べ替えます。

「TOTOは、特定の廊下などのランドマークに行くだけでなく、特定の性質を持つ最も近いランドマークを見つけることもできる」と、マタリッチは2007年の著書『ロボット入門』に書いています。「例えば、TOTOが一番近い右側の壁を探す必要があったとします。これを実現するために、地図上のすべての右の壁のランドマークがメッセージを送り始めます。TOTOは、最短経路を辿って、地図上で一番近い右の壁に到達します」

TOTOの経路探索手法は単純であるため、別の場所で実行しても、最短ルートを見つけることができました。これは、より複雑なロボットを完全に凌駕する可能性があります。このロボットが探索中に地図を学習し、内部に蓄積する方法は、ネズミが環境について学習する方法に似ているとマタリッチは考えています。このような行動ベースのロボット工学によって、ロボットは複雑なプログラミングなしに、目的地まで経路探索するなどの複雑な目標を達成することができました。

その後、マタリッチは、高齢者や病人向けのソーシャルロボットの新しいアイデアを開拓することになります。一方、行動ベースのロボットのアイデアは、依然として影響力があり、1980年代以降、ロボット掃除機などの役立つ多くの安価なロボットに利用されています。

1990年代の研究

●研究者
シンシア・ブリジール
●対象領域
ソーシャルロボット（日常社会で活動できるロボット）
●結論
ロボットは人と感情的な結びつきを作ることができる。

ロボットは感情を表現することができるか？

「キズメット」とソーシャルロボット

「いやいや、違うよ」と、女性は体のない頭だけのロボットにきつく言います。ロボットは恥ずかしそうにうなだれ、耳も折り曲げ、あたかも本当に反省しているかのようです。それはまるで、ピクサー映画のアニメのキャラクターのように見えます。しかし、これは特殊効果の特撮ではなく、リアルなロボットの頭です。

この頭だけのロボット「キズメット（Kismet）」は、MITの研究室でロボット工学者のシンシア・ブリジールによって設計されました。彼女は、NASAの探査機を研究しているときに「ソーシャルロボット（日常社会で活動できるロボット）」を研究する気持ちになったと述べています。ブリジールは、ロボットがいかにしてA地点からB地点まで移動するかに焦点を当てるのではなく、人が機械と心地よく意思疎通できるようなロボットに取り組みたいと考えていました。

2人の科学者に育てられたブリジールは、ソーシャルロボットはほとんどのロボット工学者がこれまで考えていないものだと感じていました。彼女自身がソーシャルロボットに興味を持ったのは、幼い頃に感情を持ったロボットについての短編小説を書いたことに始まります。スターウォーズに登場する架空のロボットからヒントを得て、そのようなロボットはどうあるべきかを考えました。

彼女は次のように言います。「人やペットがいる。それには、心があり、思考や信念、感情がある。そして、ロボットはそれらと意思疎通ができる必要がある。社会的、感情的な知性を持ち、最終的に人と協力してさまざまな物事を行うことができるロボットを作ることにどんな価値を見出せるだろうか？」

フレンドリーなロボット

今日、私たちの多くは、SiriやAlexaといったソーシャルロボットと何気なく話をしています。銀行業務からピザの注文に至るまで、本物の人間の話し方や行動を模倣したこうした「ボット」は、普及しつつあります。私たちの多くは、SiriのようなロボットやAIエージェントが、感情を表現し、口語表現を使ってくれることを期待しています。

しかし、キズメットが登場する以前、ロボットが思考や信念、感情を扱う必要があること、また、何らかの社会的な知性が必要であることについて、ロボット工学者は真剣に取り組んでいなかったと、ブリジールは指摘します。

ブリジールと彼女のチームがキズメットに採用した手法はユニークでした。あらかじめプログラムをしておくのではなく、人間の赤ちゃんが親に注意を払うように学習していきます。

キズメットは、実際に言語を理解することはできませんが、話している人の意図を解釈することができます。また、単語のような音声を発します。そのロボットが、親が小さな子供にするような大げさなジェスチャーから学習し、話しかける人の意図に応じた反応をするようになることをブリジールは期待していました。

生きているかのように

その結果、ある程度の社会的な知性を持ち、生き物のように反応するロボットが誕生しました。ビデオカメラとマイクで世界を認識し、頭、耳、唇を動かすモーターを使って反応することができます。

キズメットは、おもちゃや映画の小道具のように見え、「ファービー」のような長年愛されるおもちゃに影響を与えました。しかしその中身は、膨大な量の最先端のコンピュータでできていました。１つのシステムでは、２台のWindows PCと１台のLinuxマシンで稼働しており、音声合成と意図認識（話している人の感情や意図を理解する機能）を行います。これとは別に、４つのモトローラ製のマイクロプロセッサが知覚、動機づけ、モーター制御、顔の動きを処理し、９

台のネットワークに接続されたPCで構成された別のシステムが画像処理、目や首の制御を行います。

簡単に言うと、ロボットが画像や音を処理して、(声のトーンや誰が自分を見ているかなどから) 反応すべきものを探し、それを注意解析システムに送ることで、何に注意を向けるべきかをキズメットに指示するというものです。

人間を検知すると、喜びや嫌悪などのさまざまな感情表現に加えて、退屈などのリアクションもとります。その反応の多くは、対話する人間を「コントロール」するためのものです。例えば、キズメットのカメラに映る距離が遠すぎる場合、呼び寄せるための音を出して相手を近くに誘導します。

ロボットの欲望

しかし、そのロボットは欲求も持っています。キズメットに取り付けられたコンピュータは、「3つの欲求 (社会性、刺激、疲労)」を棒グラフで表示し、各欲求を満たそうとします。孤独であれば、人間との交流を求めます。退屈しているときは、おもちゃをじっと見つめ、誰かが持ってきてくれることを期待します。疲れているときは、休みたがります。

このようなすべての計算結果として、(体のない頭だけの) キズメットは、感情を直感的に理解して反応することができました。驚いたときは、耳を立てて唇を開きます。うんざりしたときは、口をつぐみます。悲しいときは、耳を下に倒し、口は漫画のしかめっ面のような形にします。

ブリジールはその後、ダイエットやエクササイズの指導を行うロボットや、遠距離でもハグができるロボットを開発しました。また、ソーシャルロボットの会社「Jibo」を設立しました。世界は、ソーシャルロボットが一般家庭にも普及する寸前であると彼女は考えています。「モバイルコンピューティングが発達し、センサーやプロセッサ、無線通信のコストが下がれば、家事支援ロボットは現実のものになる。ソーシャルロボットは人間のネットワークに取って代わるものではなく、それを補い、強化するものになる」

ロボットの魚は水の中を泳げるか？

どのように「ロボツナ」が海域探査に役立つのか

1993年の研究

- 研究者……………………………
  マイケル・トリアンタフィロー
- 対象領域…………………………
  ロボットの推進力
- 結論………………………………
  動物を模倣することで、ロボットは速く、効率的に泳ぐことができる。

人間が水中推進システムを設計するとき、1億6千万年にもわたる進化によって「設計」されてきた魚と競争することになります。では、「なぜ、誰も魚の泳ぎ方から学ぼうとしないのか？」とMITのマイケル・トリアンタフィロー教授は疑問を抱きました。

MITが「Robotuna（ロボツナ：ロボットのマグロ）」を作ったとき、それは唯一無二なものでした。それまで誰も、魚の動きを再現しようとしたことはありませんでした。研究チームは、最初の魚ロボットにマグロを選びました。マグロは波を切り裂くように、ものすごいスピードで泳げるように進化しました。特殊な体型をしており、時速69キロメートルに達する種もいます。クロマグロは体長3メートル、体重は馬よりも重くなります。

研究チームは、クロマグロのスピードと動きを模倣することに取り組んでいたため、MITでは、この研究を「リバースエンジニアリング」に似ていると説明しました。このロボットは、巨大な水槽の中で支柱に取り付けられ、ワイヤーで情報を送りながら泳ぐことから、「チャーリー」という愛称で呼ばれています。

魚に関する話

チャーリーは、アルミニウムの骨格に40本のポリスチレン製の肋骨を持ち、網目状のフォームとライクラ（ストレッチ素材）の皮で包まれており、水中をスムーズに移動できました。推進力は、これまで人間が設計した水用の乗り物で採用された、パドルや帆、プロペラではなく、フィンによるものでした。

ロボットは約3,000点もの部品で構成され、1台あたり2馬力のサーボモーター6台を使用して、体を膨張させたり、伸縮させたり自由に調整することができました。このモーターは、チャーリーの体の中にあるステンレス製のケーブルに筋肉や腱のように取り付けられていました。

チャーリーは、肋骨に取り付けられた力（ちから）センサーからフィードバックを受け、リアルタイムに動きを調整することができました。このロボットは、MITの曳航水槽で毎週数回泳がされ、研究者はチャーリーからのフィードバックを測定し、マグロがどのように泳いでいるのかを初めて理解することができました。チャーリーから得られたデータによって、研究者たちは海底を乗り物が推進するための新しい方法を想像することが可能になりました。

渦の名人

研究者たちは、水中の渦巻き（または渦）をコントロールすることが、魚が泳ぐためには重要であることを発見しました（そして、それまで人間が作った乗り物が推進する方法とは全く異なっていました）。マグロは、水中の渦巻きを操り、尾を動かして自ら渦巻きを作ることで推進力を得ていました。

マイケル・トリアンタフィロー教授は、当時、次のように書いています。「現在の技術では、水中を移動する際に発生する渦を最小限に抑えようとする。これは、渦は大きな抵抗となり、乗り物の速度を低下させるからだ。しかし、魚は意図的に渦を発生させ、それを最大限に利用する。この仕組みを採用したのが、私たちの『ロボツナ』だ」

研究者たちは、より良いパフォーマンスを発揮するプログラムを選択していくことができる遺伝的アルゴリズムを使って、チャーリーの遊泳システムを進化させました。次第にチャーリーは、渦を使いこなし、実際のマグロが泳ぐようなスピードを（MITの水槽で棒につながれたままではあるが）ある程度再現することができるようになりました。

深海を探索する

研究者たちは、チャーリーの技術が将来、極限環境で働くように設計された応答性の高い水中の乗り物に利用されることを期待していました。「海底の熱水噴出孔を探査する場合、水温はわずかな距離の間に摂氏100度も変化することがある。そのため、柔軟性があり、不測の事態に極めて迅速に対応できるシステムが必要です。現在の自律型無人潜水機（AUV）は、このような危険な状況下で必要とされるスピードや敏捷性を備えていないため、多くのものが失われている。『ロボツナ』は、不器用な従来のプロペラ駆動のAUVによって現在カバーされているエリアを探査する際のリスクを最小限に抑えるだけでなく、これまで危険すぎると考えられていた新しいエリアを開拓することができる」とトリアンタフィローは述べています。

ロボツナの画期的な進歩に触発され、世界中の研究所で膨大な数の魚ロボットが作られるようになりました。MITでは、カマスの猛烈な加速を理解するために、カマスロボットを作りました。またそれは、1936年にイギリスの動物学者であるジェームズ・グレイが提唱した「グレイのパラドックス（イルカには十分な筋肉がないように見えるのに、なぜそんな速度で泳ぐことができるのか）」を検証するためにも使われました。ロボツナのチャーリーをきっかけにして、他にも数十体もの魚ロボットが作られました。

2009年、MITの研究者たちは、ロボツナよりもはるかに小さい全長13〜46センチメートルの長時間水に浸かっていても腐食しない柔らかいポリマーでできている新世代の魚ロボットを作りました。

部品の数もロボツナの数千点に対して10点と少なく、価格も数百ドルであるため、企業は水中での計測や監視に利用することを検討しています。この比較的安価な装置を数百体規模で湾や港に投入し、計測を行うという計画です。

魚は人間の存在に怯えやすいので、魚ロボットを利用することで、自然な魚の生態を観察することが可能になります。MITの研究チームが作った柔らかい体の魚ロボットは、ロボットの魚だと気づかれることなく、フィジーの珊瑚礁で本物の魚と一緒に泳ぎました。

1997 年の研究

サッカーがうまいのは誰か？

● **研究者**……………………………
北野宏明ほか
● **対象領域**…………………………
ロボットによる挑戦
● **結論**………………………………
2050年までにロボットのチームが人間の最強チームに勝つことができる。

ロボカップが目指すもの

2050年までには、ロボットのサッカーチームが地球上で最高の人間のチームを打ち負かし、機械が人類に勝利した事項の一つ（チェスの例。〈119ページ参照〉）にサッカーが加わることになりそうです。それは大袈裟かもしれませんが、少なくともそういう説があります。

ロボカップの公式での目標は、「21世紀の半ばまでに、完全な自律型の人型ロボットによるチームが、FIFAの公式ルールに則って、直近のワールドカップの優勝チームにサッカーの試合で勝つこと」です。

1990年代初頭から、ロボットの専門家たちは、人間を相手にできるロボットのサッカーチームを作ることに挑戦することを考え、「グランドチャレンジ」というイベントを提案しました。ロボットがピッチを移動することさえ難しい状況を考えると、高度な技術を持つ人間に勝つために、チームの一員として働くなど気が遠くなるような挑戦でした。当初は日本国内だけに限定したイベントでしたが、世界中から注目を集めたため、一般公開されることで大々的に誕生しました。

ゴールを目指して

ロボカップが始まった当初は、ロボットのサッカー選手が人間の最高のチームと互角に戦えるとは想像することさえ難しいことでした。ボールに触れることでさえ一瞬しかできず、ディフェンスをかわし、ゴールを目指すなど、到底不可能でした。

ロボカップは、ソニーの代表的な製品であるロボット犬「アイボ」を研究開発した北野宏明氏らの専門家が1997年に立ち上げ、ロボットや人工知能の研究者らが名古屋に集い、（ロボットの大きさや能力によって分けられた）いくつかの異なるリーグで知恵を競い合うものでした。1997年5月にディープブルーがチェスでガルリ・カスパロフに勝利したこと（119ページ参照）が、参加者の発想を掻き立てる一つのきっかけになりました。

ルールは単純そのものです。ロボットは完全な自立型であり、タッチラインから人は制御してはならず、開始のホイッスルが鳴った後は、人は一切介入してはいけないというものです。初めて開催したロボカップでは、２つのチームのロボットが芝生の上で、センサーでピッチを見渡し、ほんの少し動いただけだった、と北野は回想します。レポーターが、「試合はいつ始まりますか？」と尋ねると、「５分前に始まっています！」と、北野が答えたほどでした。

ロボットは、方向を確認し、次に何をすべきかを判断するのに数分かかりました。他の試合では、ボールに触れることができたのが１チームだけであったため、そのチームが勝利を収めました。

ピッチ上の犬たち

ロボット技術の変化により、一時期、アイボによる「４足歩行」のリーグがロボカップで行われるようになりました。しかし、毎年大会が開かれるにつれて、多くあるサブリーグの中には、人間のサッカーに近いものとして認識されるようになったものもありました。

近年では、約200体の人型ロボット「Nao」がロボカップに出場しており、パスやゴールへのシュートをセーブすることができます（ただし、その過程で、かなりの回数転倒します)。「Nao」は、すべてのチームが同じロボットを使用する「ロボカップ・スタンダードプラットフォームリーグ」に出場しています。

ロボカップは、傍目には奇抜な取り組みに見えるかもしれませんが、このリーグは、ロボット工学の大きな進歩につながっています。テキサス大学オースティン校でいくつものチームを率いてきたロボカップ愛好家のピーター・ストーン教授は、「ロボカップの価値は、AIのいくつかの課題を一括で捉え、統合して扱うことにある。速く歩けるだけのロボットではいけない。高い信頼性の下でボールを認識し、フィールドのどこにあるのかを把握し、チームメイトと連携することもできなければ役には立たない」と言っています。

ライフセーバー

ロボカップでは、いくつかのレスキューロボットがしのぎを削り（協力してゴールを決めるロボットと、協力して瓦礫の中から生存者を探すロボットには共通点がある）、現在、（ロボカップに付随する多くのサブリーグの１つである）ロボカップレスキューには、捜索・救助活動を行うロボットをテストするロボットリーグがあります。

また、ロボカップは、数億ドル（数百億円）もの価値があるロボットの製造にもつながりました。ミック・マウンツが倉庫作業の自動化に取り組む新興企業で移動ロボットの専門家を募集したところ、MITの専門家でロボカップ愛好家であるラファエロ・ダンドレアが採用されました。彼らが設計したロボット「Kiva」は、ベルトコンベアやフォークリフトを使ったり、人間が棚から商品を取ったりする従来の方法よりもはるかに効率的でした。Amazonは、2012年にKivaを開発した「Kiva Systems」を７億7,500万ドル（約639億円）で買収し、現在では20万台のロボットが同社の倉庫で稼働しています。

2020年のロボカップは新型コロナウイルスの大流行で中止となりましたが、近年では、ヒューマノイドリーグの優勝チームが人間相手にエキシビションマッチを行えるほど、ロボットの能力は向上しています。まだロボットは人間には勝てていませんが……予想の2050年には、まだ30年の猶予があります。

コンピュータはどのようにしてチェスで勝ったのか？

知性とは何かということを考えさせた「ディープブルー」

1997年の研究

- ●研究者……………………………
  許峰雄、マレー・キャンベル
- ●対象領域…………………………
  人工知能
- ●結論………………………………
  ディープブルーは、ガルリ・カスパロフを破り、地球上で最高のチェスプレーヤーになった。

1997年、ロシアのチェスのグランドマスターであったガルリ・カスパロフがIBMのチェスコンピュータ「Deep Blue（ディープブルー）」に挑戦しました。そして、重さ1.4トン、数百個のコンピュータプロセッサを搭載した高さ約1.8メートルの２つのタワーで構成されたコンピュータに、世界トップのプレーヤーが負ける様子を世界中の何百万人もの人々が目撃しました。

これは、人間とコンピュータとの画期的な戦いでした。せいぜい引き分けという結果を予想していたディープブルーの開発者たちでさえ驚きました。他の専門家は、コンピュータが人間の棋士に勝つにはもっと長い年月がかかると予測していました。カスパロフは、ディープブルーの指し手の中には、人間でなければ指せないものがあると主張し、不正行為があったとIBMを非難しました。

ディープブルーの勝利は単に象徴的なものではなく、人工知能を使って大量の情報を分析する方法という革新への道を開きました。これは、金融から医療、スマートフォンのアプリに至るまで、あらゆる分野に大きな影響を与えました。

転機の瞬間

カスパロフは1985年、若干22歳の若さで史上最年少のチェス世界チャンピオンとなりました。その10年後、彼はディープブルーと２度にわたり対戦しました。IBMのエンジニアでディープブルーの開発者である許峰雄と対座し、ディープブルーが導き出した手を物理的なチェス盤上で指すことで対戦しました。

1996年の最初の対戦で、カスパロフはディープブルーとの６番勝負の初戦で敗れました。これは、後に彼が「転機」と表現した瞬間であ

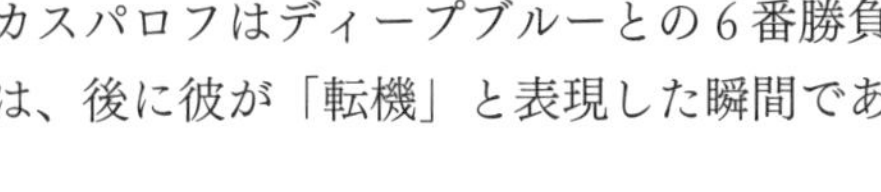

り、時間制のトーナメントでコンピュータが現役のチャンピオンを破ったのは、これが初めてのことでした。カスパロフは、2勝1敗3引き分けでこの対戦を制し、チャンピオンの座を守りました。

しかし、1年後の1997年5月11日、ニューヨークで再度行われた対戦では、コンピュータが2勝、カスパロフが1勝、3引き分けでディープブルーが勝利しました。カスパロフはコンピュータのログファイルを確認することを要求し、再戦を求めましたが、ディープブルーは解体され、チェスから引退しました。IBMは、後にログファイルを公開しました。そこには「機械の中に人間」がいないことがはっきりと示されていました。人工知能研究の決定的な瞬間でした。

機械の台頭

1940年代後半のコンピュータ時代の幕開け以来、研究者たちは、チェスで人間に勝つコンピュータの開発に夢中になっていました。チェスは、厳格なルールを持つため、コンピュータの「知的」能力をテストするのに理想的であると考えられていました。

ディープブルーの開発チームは、カーネギーメロン大学で許峰雄が「ChipTest（チップテスト）」と呼ばれるチェスをするコンピュータを開発するなど、10年以上前からチェスをするコンピュータの研究をしていました。1989年、彼はクラスメートのマレー・キャンベルとともに、世界で最も強力なチェスコンピュータの開発を競い合っていたチームの1つであるIBM研究所に採用されました。

ディープブルーのチームは、チェスのグランドマスターたちを、コンピュータの練習相手として、また、人間のプレーヤーが指す序盤の棋譜をコンピュータにあらかじめプログラムしておくために参加させました。しかし、ディープブルーの真骨頂は、何百万もの盤面を分析し、最大40手先まで読むことができる能力でした。このコンピュータは、30個のプロセッサと480個のチップを搭載したチェス用に設計されたスーパーコンピュータでした。

力まかせ

人間は、直感とパターンを認識することでチェスをします。コンピュータは、何百万もの可能性を膨大な計算能力を使って探索することでチェスをします。カスパロフがディープブルーと初めて対戦してから再戦するまでの1年間で、その処理能力は2倍になりました。1997年にカスパロフが2度目の対戦をしたとき、このマシンは地球上で259番目に強力なスーパーコンピュータとしてランク付けされました。

改良されたディープブルーは、1秒間に2億ものチェスの盤面を分析することができました。このアプローチは「力まかせ法（しらみつぶし法、総当たり法）」と呼ばれ、コンピュータは探索能力だけで問題を解きます。ディープブルーと対戦したグランドマスターたちは、それを「まるで壁が迫ってくるようだ」と表現しました。

ディープブルーの勝利に触発された研究者たちは、同様の手法で金融や医療分野の膨大なデータを分析するスーパーコンピュータを開発しました。それは、HIVの治療薬など新薬を開発することから、世界の金融システム、出会い系アプリ、インターネットショッピングまで、ありとあらゆるものを支えています。

また、チェスプレーヤーとコンピュータが長い間繰り広げてきた競争は、人間とコンピュータの問題解決方法が全く異なることを浮き彫りにしました。マレー・キャンベルは、チームが学んだ重要な教訓の一つは、複雑な問題を解決するには、ディープブルーの力まかせな方法とカスパロフの直感のように、しばしばいくつかの方法があることだと述べています。研究者は、人間とコンピュータが一緒になって働くとき、最も強力な力を発揮することになると考えています。今日の医療では、人工知能システムが患者のデータからパターンを見つけ出し、人間が診断と治療を担当しています。

ディープブルーは現在、ワシントンDCのスミソニアン博物館に展示されており、今日のスマートフォンやPCのアプリはディープブルーよりも強くなっています。カスパロフは象徴的な試合の後、人工知能について幅広く執筆し、現在では、知的な努力を有するどの分野においても、機械の勝利は「時間の問題」であると考えています。

第6章 家庭用ロボット

1999年〜2011年

2000年代に入るまで、ロボットの活躍の場は、研究所や技術ショーのステージ、そして何千ものロボットアームが不眠不休で働く大規模な工場に限定されていました。しかし、ソニーのロボット犬「アイボ」がペットロボットという概念を確立し、シンプルでローテクなロボット掃除機「ルンバ」が数百万台を販売するなど、21世紀の最初の数年間にロボットは急速に人々の生活（そして家庭）にまで浸透し始めました。

一方、カリフォルニアでは、数十台もの車が、無人で人間が一切介

入しないというレースで競い合っていました。このレースでのクラッシュや炎上した経験から、自動車の自動運転というまったく新しい産業が生まれることになります。

日本では、先駆的なロボットの外骨格（パワースーツ）が麻痺した人の動きを回復させ、NASAのロボットが太陽系を探検し、火星探査機「オポチュニティ」が火星を覆う砂嵐のため消息不明になったことに世界中の人々が哀悼の意を表しました。

1999年の研究

- **研究者**……………………………
  土井利忠、藤田雅博
- **対象領域**…………………………
  ペットロボット
- **結論**………………………………
  ロボットは素晴らしい（しかし高価な）ペットになる。

ロボットはペットの代わりになり得るのか？

人々が「アイボ」を愛する理由

日本では、数百体のペットロボット「AIBO（アイボ）」がお寺で葬儀を行い、袈裟を着た僧侶が、（少なくとも生前は）光り輝く表情豊かな目を持ったプラスチック製の機械の冥福を祈りました。あるアメリカ人は、24台のアイボを所有するなど、アイボの発売から20年経った今でも、アイボのファンは犬型ロボットに深い愛情を注ぎ続けています。また、犬型ロボットに特注の服を着せ、プラスチック製の機械がうつ症状（あるいは、本物の犬を失ったことに対する喪失感）の緩和に如何に役立ったかについて語る人もいます。

1999年にソニーから発売されたアイボは、世界初の家庭用エンターテインメントロボットと称されました。ウォークマンやプレイステーションのような画期的な商品になることを期待する人もいました。世界的な誇大宣伝の波にも乗って、発売当初は１台2,000ドル（25万円）という価格にもかかわらず、3,000台がわずか20分で完売しました。

４本足の友達

このロボットは発売後すぐに13万５千台の注文が入り、空前の大ヒットとなりました。ロボット工学を学ぶための研究プロジェクトの一環としてアイボを捉えていたソニーは、この想定外の需要に対応する準備ができておらず、わずか１万台しか製造していませんでした。

人工知能ロボットは時代の最先端でした。ソニーは、このロボットを電子機器のカテゴリーに位置づけ、アイボの特設サイトを通じて販売し、オーナーと密接なコミュニケーションを図ることを謳いました。同社は、「AIBO ERS-110は、外部からの刺激に反応し、自らの判断で行動する自律型のロボットです。アイボはさまざまな感情を表現し、学習によって成長し、人間とコミュニケーションをとることで、家庭に全く新しいエンターテイメントをもたらします」と書いています。

アイボは、日本語の「仲間（相棒）」という意味を、英語では「AI Bot（AIロボット）」の頭文字をとったものであり、これまでに販売されたロボットの中で最も洗練されたロボットでした。飼い主から「学習」し、撫でられると反応し、LED（発光ダイオード）の目で怒りや喜びを表現することができました。また、カメラや距離計で物体の検出や回避をし、接触センサー、加速度センサー、速度センサーで動きを検知することができました。初代アイボにはトレードマークのピンクのボールが付属しており、このボールをロボットの目が検出して追跡するように調整されていました。また、それ以降のモデルには、ピンクのプラスチック製の骨（Aibone）が付属していました。

さらに、ロボットの頭にメモリースティックを差し込むことで、ユーザーはソフトウェアでロボットをコントロールすることもできました。アイボを中心に、ロボットプログラマーのDIYコミュニティができ、科学者も大きな関心を寄せていました。ロボットワールドカップやロボカップ（116ページ参照）では、5年連続でアイボがサッカーをする光景が見られるほど、もの凄く進化していました。

アイボの葬儀

生みの親である（コンパクトディスクの発明にも携わった）土井利忠博士は、「将来、一般家庭で何匹ものペットロボットが飼われるようになることを望んでおり、その市場規模は、パソコンの世界市場に匹敵する可能性がある」と述べました。

しかし、2006年、ソニーの新CEOとなったハワード・ストリンガーがアイボのプロジェクトを中止し、人員整理を行ったため、土井はアイボの葬儀を自ら行うことになりました。葬儀には、「ソニーの奇抜なチャレンジ精神に哀悼の意を表す」という思いで参列する社員もいました。

女型ロボットを淫らに描いた「セクシーロボット」シリーズや『メ

トロポリス』の人間機械をオマージュした作品（67ページ参照）で知られるデザイナーであり、アーティストでもある空山基によってデザインされたアイボは、外観も含めて、多くの面で明らかにチャレンジングでした。

完璧な犬とは？

ソニーの極秘の研究所で設計されたアイボは、将来のエンターテインメントロボットやペットロボットの鍵となるさまざまな技術のパイオニアでもありました。土井利忠と人工知能の専門家である藤田雅博は、ユーザーがアイボと対話ができるようにするために、音声認識などの比較的開発途上の技術を使うことを決定しました。また同時に、アイボは「完璧」を追求しませんでした。その代わりに、機械ではなく生き物と接しているような印象を与えるような、複雑で予測不可能な挙動をするように設計されました。藤田は、アイボの内部の技術を説明した論文の中で、「ロボットが生きているという印象をいかに与えるかという問題は、まさにペット型ロボットのキーポイントである」と書いています。

2006年にソニーがアイボを引退させたとき、広範囲にわたる抗議がありました。同社は2018年、400個の部品を使い、より本物の犬に近い振る舞いを可能にし、部屋の中で飼い主を追跡できる目を持つ、新しい「aibo」を再導入しました。

また、「年老いて新しいことに手を出すものでない」という有名なことわざを否定するかのように、新しいアイボは実際に動きを学んで真似をすることができ、子犬から大人になるまで3年間かけて、飼い主から学びながら「成犬」になることができます。しかし、1つだけ変わらないことがあります。それは、新型の発売価格が2,900ドル（約37万円）と、息を呑むほど高価なことです。初代アイボと同じように、血統書付きのロボットです。

ロボットは二本の足で立てるのか？

大統領とサッカーをした「アシモ」

2000年の研究

- ●研究者……………………………
  重見聡史
- ●対象領域…………………………
  歩行ロボット
- ●結論………………………………
  ロボットに人間のような歩行をさせることは非常に困難である。

SFに登場する初期のロボットには、ほとんどが人間と同じような歩き方をする人型の二足歩行ロボットであるという共通点がありました。これは、映画の中のロボットが(『メトロポリス』のように。〈67ページ参照〉) ロボットの衣装を着た人が演じていたことに起因している部分もありますが、「金属製の人間」というイメージは、書籍のSF小説やコミックでも一般的なものでした。

しかし、ロボット工学がフィクションから現実になると、１つのことが明らかになりました。それは、人間のように歩く機械を作ることは、最も難しいことであるということです。人間は、学習能力、自分をコントロールするための複数の感覚、生まれつきのバランス感覚というものを持っています。しかし、ロボットは、それらのどれも持ち合わせていません。初期の移動ロボットやロボットのようなものの多くは、例えば、ジョンズホプキンス大学が開発した自己充電式の「ビースト」やふらふら動く「シェイキー」のように、かさばり、しゃがんだような形状で、車輪がある、というものでした。

10年目の使命

1986年、ホンダの技術者は、二足歩行ロボットの開発に着手しました。10年の歳月と幾度となく繰り返された試作により、後に世界的に有名となるアシモの原型である「Ｐ２」というロボットを1996年に発表しました。二足歩行に必要な動きや関節を設計するために、ホンダは人間の歩き方だけでなく、動物の歩き方も研究しました。

最初のホンダの人型ロボットは、一本ずつ足を上げながら驚くほどゆっくりと歩きました。Ｐ２の登場当時、ロボットは（外観上の理由と安定性を高めるため）頭部と腕を持ち、（ロボットを歩かせるには膨大な電力を消費するため）バッテリーが入っている宇宙飛行士のようなバックパックを背負っていました。

翌年に登場したＰ３は、身長1.5メートル強と、先代の1.8メートルよりも控えめなサイズになり、機敏さが増していました。さらに、2000年に研究の集大成としてホンダが発表したアシモは、自立して歩くだけでなく、一人で階段を上ることさえできるようになっていました。

「日本では、ロボットの感情的側面が非常に重要である」と、開発者である重見聡史は述べています。「それはおそらく、漫画にロボットのキャラやヒーローが多いからだと思われる。それらに対してポジティブな感情がある。ロボットが人間と共存するためには、ロボットにもこのような特性が必要であると考えている」

世界初の有名なロボットであるアシモは、オバマ大統領にサッカーボールを蹴って見せましたが、大統領は「ちょっと怖い」「リアルすぎる」と評しました。また、2006年には、このロボットが得意とするパフォーマンスに失敗し、階段から落ちるという珍事が起こり、話題となりました。

宇宙飛行士のような歩き方

アシモは、CPUの過熱を防ぐための空冷システムの原因もあり、常にファンのうなり音を立てていました。バックパックは、先代のモデルのように、宇宙飛行士に見えるよう単にデザインされたものではありませんでした。それには、6キログラムのリチウムイオン電池が搭載され、充電に3時間もかかるものでした。

アシモは、技術ショーの定番となり、ホンダはアシモに新しいパフォーマンスを教え続けました。アシモは歩くだけでなく、すぐに時速7キロで走ることができるようになりました。さらに、片足で跳び跳ねることもできるようになり、ステージでダンスを披露するまでになりました。その後、ロボットの手にはセンサーが組み込まれ、飲み物を運ぶ際に、通り過ぎる人を検知して自動的に回避するシステムのデモが行われました。

ただの操り人形？

ホンダは、アシモが家庭内で人間と一緒に暮らせるアシスタントロボットになることを期待していました。重見聡史は、「究極の目標は、『小学生が家の手伝いをするようになること』だ」と語りました。

しかし重見でさえ、人型ロボットが各家庭に普及するのは何十年も先のことであると認めていました。ショーでは、アシモは操り人形に過ぎず、パフォーマンスの多くは、人が舞台袖から操作していたものでした。アシモが美術館のツアーガイドをしたとき、手を挙げている人とスマートフォンをかざしている人の区別がつかず、質疑応答に苦労しました。

ホンダはアシモを製品化することなく、2018年にロボットを引退させました。それにもかかわらず、同社によると、数十年にもわたり、ロボット内部の多くの技術がホンダの車に搭載され、ロボット市場における同社の他の取り組みにも役立ってきたと述べています。

アシモから派生した技術をベースに、ホンダはライバルであるHALの外骨格（パワースーツ）と同様に、人が再び歩行することを支援するために作られたパワースーツのようなデバイスを披露しました。2018年のCES（コンシューマーエレクトロニクスショー）で、ホンダはいくつかのロボットを発表しましたが、注目すべきは、どれも脚がなく、荷物カートに似ていたことでした。「Honda 3E-B18」はそのうちの1つで、坂道でも座面を水平に維持できる車いすロボットでした。

アシモをきっかけに、いくつかの二足歩行ロボットが開発されました。その中でも、ボストンダイナミクス社の「アトラス」は、高速で走ることができるだけではなく、かなりの距離をジャンプすることもできる（言うまでもなく、ターミネーターのように不気味に見える）恐るべきロボットでした。

一方、他の二足歩行ロボットは、人間のように歩くことを断念し、オレゴン州立大学で開発された（飛べない鳥であるヒクイドリにちなんで名づけられた）「キャッシー」のように、鳥のように歩く新しいロボットが登場しています。

2001 年の研究

- ●研究者…………………………
  ゼネラルアトミックス社
- ●対象領域………………………
  軍事用ロボット
- ●結論……………………………
  ロボットは、今や現代の戦争の中心的存在である。

ロボットは人を殺すことができるのか？

無人攻撃機「MQ-9リーパー」が戦争を変えた理由

初めてロボットに殺された人は、1979年1月25日に産業用ロボットアームに押しつぶされたアメリカのフォード社の工場労働者であったロバート・ウィリアムズです。しかし、世界中の軍事組織がロボット工学への最大の投資家であることから、「自律型兵器システム」に対する深刻な懸念が生まれ始めています。つまり、人を殺すために設計されたロボットです。ロボット兵器は、すでに世界中の紛争地域で死者を出していますが、重要なことは、常に人間が「引き金を引く」ことです。しかし、多くの専門家は、真に自律的な殺人機械が近い将来、ならず者政府やテロリスト集団に利用されるのではないかと懸念しています。

関心の高まり

2017年、テスラ社とスペースX社の億万長者であるイーロン・マスクなどのテクノロジー界のリーダーたちは、化学兵器や人の目を見えなくするように設計されたレーザーを禁止する法律と同様の法律に基づいて、自律型兵器の禁止を求める書簡を国連に提出しました。このグループは、自律型兵器が火薬と核兵器に次ぐ、戦争における第3の革命をもたらす恐れがあると警告しました。科学技術の専門家は、「完全自律型兵器という『パンドラの箱』が一度開いてしまうと二度と閉じることができない」と主張しました。

「殺傷力のある自律型兵器が開発されれば、武力紛争はこれまで以上に大規模で、また、人間が理解できるよりも速い時間軸で戦うことが可能になる。これらは、手に負えない武器、独裁者やテロリストが罪のない人々に対して使う武器、望ましくない行動をとるようにハッキングされた武器になり得る」と彼らは書いています。

人を殺すロボット

過去20年間、何百人もの（民間人を含む）人々が、無人機によって殺されてきました。無人機にはパイロットはおらず、数千マイルを飛行し、命令に応じてレーザー誘導ミサイルを発射することができます。現在、無人機は、高度な訓練を受けた戦闘パイロットによって遠隔操縦されていますが、デモでは、自力で離着陸し、攻撃目標をマーキングできることが示されました。さらに、最近のアメリカ空軍のデモンストレーションでは、無人攻撃機「MQ-9リーパー」が、潜在的なターゲットを自動的に検出、分類し、オペレーターのためにそれらを追跡するように設計された人工知能搭載ターゲティングコンピュータである「アジャイルコンドル」をテストしている様子が紹介されました。製造元のゼネラルアトミックス社は、このシステムが将来の無人システムにとって重要な足がかりになる可能性があると述べています。

戦争の未来？

MQ-9リーパーは、おそらく現在の無人攻撃機の中で最も有名であり、米国、英国、イタリアなどの空軍で使用されています。このような無人機は、世界中で何十年にもわたって行われてきた無人航空機の研究の集大成です。実際、米軍はベトナム戦争の早い段階で、パイロットがいない無人偵察機を広く使用しており、米軍幹部は、「この機械が戦闘パイロットの死を防いだ」と述べています。

MQ-9リーパーは高い能力を持つ偵察装置ですが、武装もしています。1994年に開発された偵察機「プレデター」を進化させたリーパーは、より速く、より高く飛ぶことができ、航続距離は1,770キロメートルにも及びました。最大27時間同じ場所にとどまり、その地域のライブ画像を送信した後、目標に向けて空対地ミサイルを発射することができます。

イーロン・マスクが恐れる「殺人ロボット」とは異なり、少なくとも2人の戦闘パイロットが地上から遠隔操作で操縦し、「引き金を引く」という決断は、常に人間によるものです。

しかし専門家は、高度な訓練を受けた戦闘パイロットを使うには膨大な費用がかかることから、政府が無人機にもっと（殺人を決定する能力などを有する）自律性を持たせることに誘惑されるかもしれないと述べています。

「ロイヤルウィングマン」

2021年、ボーイング社は「ロイヤルウィングマン」として知られる人間のパイロットと一緒に戦う11.6メートルの航空機の実物大のプロトタイプを公開しました。ボーイング社は、航続距離は3,700キロメートルで、戦闘機と同等の性能を備えていると述べています。

いくつかの国の軍隊は、人工知能を使った無人機による攻撃を指示しており、リビア国内の軍隊が、すでに完全に自動化された無人機によって他の軍隊を攻撃したとの国連の報告もあります。ドローン技術がすぐに利用できるということは、このような兵器が裕福な国だけのものではないということを示しています。

他の専門家は、昆虫の群れのように一体となって行動し、多数の無人機が同時に攻撃する「ドローン群」の利用について懸念を表明しています。2017年の国連への公開書簡では、AI兵器が「ユビキタス（いつでもどこでも存在する)」になる可能性を警告していました。書簡には、「もし主要な軍事大国がAI兵器の開発を推し進めれば、世界的な軍拡競争は事実上避けられないだろう。そのような技術的発展の終着点は明らかで、自律型兵器は明日のカラシニコフになるだろう」と書かれていました。

ナメクジはなぜ
ロボットを怖がるのか？

自律型ロボットのためのナメクジの死

2001年の研究

●研究者
イアン・ケリー、オーウェン・ホランド、クリス・メルヒュイッシュ

●対象領域
自律型ロボット

●結論
「スラグボット（SlugBot）」と呼ばれるナメクジロボットは、ナメクジを見つけて捕まえることができたが、その動作に必要なエネルギーを捕まえたナメクジから変換して得ることは最終的にはできなかった。

2001年、イアン・ケリーとオーウェン・ホランド、クリス・メルヒュイッシュの3人は、自分で餌を探し、それを処理して消化することでエネルギーを得て動き続けることができるロボットの開発に挑みました。それまでのロボットは、どんなに高度なものであったとしても、電源や情報の供給、いつ何をすべきかの指示など、何らかの形で人間の介入を必要としていました。完全な自律型ロボットの実現は、ロボット工学と人工知能の両分野において大きな一歩となるものでした。

ロボットによる消化

生物にとって自然で本能的な振る舞いを、人工的なシステムで再現することは非常に難しいことです。動物はお腹が空くと餌を食べます。餌の見つけ方を学ぶことは、成長する上で重要なことですが、それをどのように消化するかについては、考える必要さえないことです。「スラグボット（SlugBot）」というナメクジロボットは、このような振る舞いをロボットで再現しようと試みたものでした。真の自律的なロボットであるためには、「自分で燃料となるものを見つけて、それをエネルギーに変換できる能力」と「自分で行動を決め、その行動を自立的に実行できる能力」の2つの特性を持っている必要があります。

ケリーとホランド、メルヒュイッシュは「燃料」としてナメクジを選びました。ナメクジはたくさん生息している害虫であり、比較的消化しやすく、動きも遅いので捕まえやすいと考えたからです。発想としては、ナメクジを嫌気性発酵（メタン発酵）させることでバイオガスに変換し、それを筒状の固体酸化物燃料電池に通すことで発電するというものでした。

しかし、発酵するための装置は必然的に重くなり、ナメクジが生息する柔らかい地面を移動するのには不向きでした。そこで研究チーム

は、小型で軽量なロボットがナメクジを探し、それを発酵容器に運ぶという２段階構成のモデルを開発しました。ナメクジを電気に変換し、ロボットを充電することで、さらにナメクジを捕獲することができます。１台のロボットが捕まえたナメクジだけでは、ロボットと発酵容器の両方に十分なエネルギーを供給することができないため、複数のロボットが餌を集めて、巣に持ち帰って処理するという社会性昆虫群を模倣したシステムを開発しました。

ナメクジ狩り

ロボットには、小型の可動式の台座に軽量で長い多関節アームが取り付けられており、そのアームの先端には、ナメクジを見つけるためのセンサーとそれを捕まえるための爪が付いていました。ロボットのエネルギー効率を最適化するため、ロボットは中央に移動し、アームで周囲を探索するように設計されていました。アームは台座を中心に回転し、螺旋状にゆっくりと外側に移動していきます。ナメクジを見つけると、アームの爪で捕獲し、台座の上の収納容器に入れてから、ナメクジを捕獲した場所に戻って、またナメクジを探し始めます。完全に探し終えると、ロボットは新しい場所に移動し、また同じ作業を繰り返します。格納容器がいっぱいになると、ロボットは発酵容器に移動してそれを入れ、必要に応じて自分を充電してから、また「狩り」に戻ります。

技術的な課題

開発チームは、ロボットがナメクジを見つけやすいように、植物や土は暗く見え、ナメクジは反射して目立つように見える赤色光フィルターを巧みに利用しました。彼らがそのフィルターに用いた閾値は、エネルギーをほとんど生まない小さなナメクジを捕まえないようにするものでした。また、開発チームは、障害物回避機能や発酵容器を見つける機能も組み込まなければなりませんでした。これらは、ディファレンシャルGPS（差分全地球測位システム）と赤外線位置推定システムの組み合わせによって実現することができました。

意思決定

このプロジェクトで最も難しかったことは、ロボットがどのような行動を取るべきかを決定できるようにすることでした。ロボットには、ナメクジを集める、充電する、センサーを掃除する、また、その他のロボットの行動を維持するための作業など、多くの異なるタスクがあり、それらを的確にこなさなければなりませんでした。生物がこのような判断を下す方法は、完全には解明されておらず、再現するのはほぼ不可能です。そこで、開発チームは動機づけと行動選択を簡略化したモデルを代用しました。スラグボットは、一定時間ごとに、現在の状況から考えられるすべての行動を数値で計算し、その中で最も有益な行動を実行しました。そのためには、膨大な数の計算が必要でしたが、最新のマイクロプロセッサを使うことで高速化を可能にしました。

スラグボットは、フィールド試験でナメクジを見つけ出し、捕まえることには成功しました。ただ、残念ながらバイオガスを利用した発電システムが効率的に稼働せず、必要なエネルギーを生成することができませんでした。しかし、開発チームが挑戦した成果は、自ら燃料を見つけ、消化することができる未来のロボットへの道を切り開くものとなりました。

ロボットに家事ができるか？

2002年の研究

●研究者……………………
コリン・アングル、ヘレン・グライナー、ロドニー・ブルックス
●対象領域…………………
家庭用ロボット
●結論………………………
安価で機能的なロボットが、人々の雑用を代行する。

お掃除ロボットはどこまで役に立つのか

アイロボット社は、人々がロボット掃除機に何を求めているかを探るため、市場調査を実施しました。その結果、一般的には、「ターミネーター」のように女型ロボットが立ち、普通の掃除機を使うようなイメージを持っていることがわかりました。特に女性からは、「掃除機をかけるターミネーターが家にいるのには抵抗がある」、「永遠に床を掃除する運命の召使いのようなロボットというアイデアに恐怖を感じる」という声が聞かれました。

カッコよさ？

アイロボット社の機械は、人型ではありませんでした。「ルンバ」は、アイスホッケーのパック（黒い円形の球）のような形をしており、その時点で史上最も商業的に成功した家庭用ロボットになりました。

アイロボット社の生みの親の一人であるヘレン・グライナーは、ギミック重視の企業や「かっこよさ」のためだけに作られたロボットを痛烈に批判していました。グライナーは、スターウォーズに登場するピコピコ動くロボットである「R２-D２」に触発されてロボット工学者になりましたが、機能ではなく形を重視して作られたロボットは間違いだと感じていました。

コンピュータがそうであったように、ロボットが家庭に受け入れられるためには、実用的で、頑丈で、安価でなければならないとグライナーは主張しました。

グライナーは、「アップル社がコンピュータにしたように、ロボットを使いたい人が誰でも使えるようにする」と述べました。グライナー率いるアイロボット社は、ロボット工学の分野では本格的な血統を持っていました。MITの

卒業生であるグライナーとコリン・アングル、「TOTO（トト）」（107ページ参照）の共同開発者でもあるロドニー・ブルックスによって1990年に設立された同社は、NASAと共同で探査技術を開発し、軍用のものも製造していました。

光ファイバーケーブルを使って数千年もの間見ることができなかったギザのピラミッド内部にある秘密の部屋の中を探索する「パックボット（Packbot）」というロボットは、アフガニスタンで兵士と共に活動し、建物の中で潜在的な危険性のある場所を調査しました。

20年間で3000万台を売り上げたルンバの成功は、主に機械のシンプルさによるものでした。「フーバー」が掃除機の総称になったように（フーバー社は電気掃除機で有名なイギリスの企業）、ルンバは、ロボット掃除機の総称として広く使われるようになりました。

この小さなアイロボット社は、フーバー社やダイソン社などの老舗の大企業を相手にしましたが、その実用的な考え方が功を奏しました（実際、エレクトロラックス社の「トリロバイト（Trilobite）」はアイロボット社に市場で勝利を収めました）。

ローテクという考え方

ルンバは、頭脳として、高価な地図ソフトを使うのではなく、壁にぶつかったことを検知するバンパーと、階段からの落下するのを防止するセンサーだけを使用しました。

ほとんどの場合、機械はランダムに動いていました。ロドニー・ブルックスは、「ただ餌を探すことと危険を回避することという単純なルールに従って、計画も予測もせずに昆虫が部屋の中を移動する様子を見たことがルンバのソフトウェアを設計する際の突破口になった」と語っています。それをきっかけに、ブルックスは、移動ロボットのために複雑なソフトウェアを書くことをやめ、単純なルールのみを書くことにしたと言っています。

ロボットの「大」「中」「小」の部屋設定は、それぞれ15分、30分、45分間、ランダムな動きのパターンで掃除をするということを意味していました。競合のロボット掃除機が（後にはルンバも）部屋の地図を作成する機能を搭載していたことから、2002年の発売当時のルンバにも、はるかに複雑な機械であることが要求されていました。

ルンバは動き出すと、壁にぶつからない限り、床をランダムに蛇行しながら移動しました。時には部屋の中を螺旋状に移動したり、まっすぐ進んだりしました。これは、コンピュータ科学者が「ランダムウォーク」と呼ぶパターンです。

充電式バッテリーを搭載し、１回の充電で中規模の部屋を２部屋掃除することができました。アイロボット社のローテクという考え方は、この機械が高級品ではないことを意味し、アメリカでの発売時の価格は200ドル（日本での発売価格は約４万円）未満でした。この価格は、ルンバがより高価な競合品を凌駕することを確実にしました。

単純であること

同社の考え方は、「KISSの原則（Keep it simple, stupid：構造はできるだけ簡単にせよ)」という工学の世界ではよく知られた格言に則っているとグライナーは言っています。「もちろん、誰もが家にロボットを導入したいと思っている。しかし、人々はそれを家電製品として、掃除機として買うのです。人間よりも効率よく、効果的に仕事をしてくれるから買うのです」。しかし、同社がギミックのあるロボットを作らないように最善の努力をしたにもかかわらず、それでも３分の２の家庭でルンバにペットのように名前をつけて呼んでいると述べています。

現在では、下位モデルのルンバでさえ、カメラとWi-Fiを使用して、掃除する部屋をマッピングしています（また、一部のモデルは、同じような床拭きロボットと一緒に連動して動作することができます)。ロボット掃除機の市場規模は2020年に110億ドル（約１兆2,700億円）であり、今後10年でさらに成長すると予測されています。

ルンバの最新モデルでは、ダストボックスを自分で空にすることができ、人間の手間をさらに減らしています（バッテリーを充電しながら充電台にゴミを入れます)。また、「アレクサ、ルンバにダイニングルームを掃除するように言って」といったようにAlexaやGoogleの音声コマンドにも反応します。もはやそこに、人間が掃除機を使っているような光景はありません。まるで本物の召使いロボットのようです。

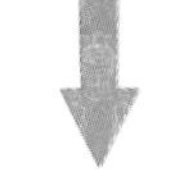

ロボットはどこまで遠くに行けるのか？

火星探査機「オポチュニティ」の物語

2003年の研究

●研究者
スティーブ・スクワイヤーズ
●対象領域
ロボット探査
●結論
ロボットは惑星を探査することができる（そして、人々の生活に触れることができる）。

2018年、火星探査機「オポチュニティ」は、「バッテリーが残り少なく、辺りが暗くなってきた」という簡単なメッセージを地球上のチームに送った後、砂嵐の中に姿を消しました。地球から何億キロも離れた場所での機械の「死」について、世界中の人々は、その深い悲しみを分かち合いました。

科学ジャーナリストのジェイコブ・マーゴリスが取り上げた「Oppy（火星探査機『オポチュニティ』の愛称）」の話は、瞬く間に拡散され、一部のツイッターユーザーは、このロボットの話に涙したと言われています。それは、有名人の死をネット上で公に悲しむのと同じような反応でした。「90日間の探査予定を15年間に変えたロボットよ。君は絶好のチャンスをもたらした。安らかに眠れ、探査機よ。君の使命は完了した」とNASAはツイートしました。

最後のメッセージ

オポチュニティからの最後のメッセージの後、NASAのジェット推進研究所のエンジニアたちは1,000回以上、探査機との接触を試みましたが、効果はありませんでした。想定よりもはるかに長生きした機械にふさわしく、その最後の安息の地は、「忍耐の谷」でした。オポチュニティは砂嵐に巻き込まれ、生きるために必要な太陽光がソーラーパネルに届かなくなり、その最期を迎えることになりました。

カーネギーメロン大学のコンピュータ科学者は、悲嘆に暮れるソーシャルメディアのユーザーが使う言葉を分析し、人々が人間の死に対処する方法と類似していることに注目しました。多くの人が「Oppy」を「あなた」と呼んでいたのでした。ロボットを擬人化することは新しいことではありません（ロボット掃除機の所有者のおよそ3分の2は、それに名前を付けています）。しかし、Oppyに対する悲しみの声は、科学者たちに、現実の世界で人間がロボットにどう反応するかを観察する機会を提供することになりました。

Oppyに対する悲しみは、NASAの長期にわたるミッション、特にロボットによるミッションに、一部のファンが如何に感情移入しているかを浮き彫りにしました。

地球への呼びかけ

オポチュニティは、2004年に双子の探査機「スピリット」とともに着陸し、当初はわずか3カ月のミッションの予定でした。地球上のテスト用探査機を使って難しい操作を計画し、その命令を探査機に送信することで探査機を操縦しました。

火星の1日（「ソル」と呼ばれる）は、地球の1日より40分長いため、チームは勤務時間を変更し、オフィスに暗幕を設置することで地球の1日とずれた状態で仕事ができるようにしました。スピリットは3年間、オポチュニティは15年間活動し、両探査機から火星の古代の湿潤環境に関する重要な発見がもたらされました。オポチュニティは、火星の表面に初めて液体の水が存在する決定的な証拠を発見し、この惑星がかつて温暖で湿潤であったこと、そして、古代の生命が生息していた可能性があることさえ示唆しました。

また、オポチュニティは、他の惑星で初めて確認されることとなるバスケットボール大の隕石も発見しました。この隕石は、ほとんどが鉄とニッケルでできており、破壊された惑星から来たと考えられています。オポチュニティはその後も、火星の表面で同様の隕石を5つ発見しています。

火星で靴を履く

こうした発見により、火星の環境に関するより多くのデータが提供され、将来の有人によるミッションへの道を開くものになりました。NASAのジム・ブライデンスタイン長官は、「勇敢な宇宙飛行士が火星の表面を歩く日が来るのは、オポチュニティのような先駆的なミッションのおかげだ。その最初の足跡は、オポチュニティのプロジェクトの関係者と、探査という名の下、困難に立ち向かい、多くのことを成し遂げた小さな探査機によるものでもある」と述べました。

このゴルフカートサイズの機械が、赤い惑星でこれほど長く活動できたのは、過酷な環境も一因でした。NASAは、火星に常に存在する塵がソーラーパネルを覆い、徐々に電力を低下させると予想していました。しかし、火星の風はソーラーパネルの塵を吹き飛ばし、オポチュニティは冬を何度も越すことができました。

総予算は（2003年当時）4億ドル（約470億円）で、オポチュニティには、いくつもの本格的な技術を備えられていました。NASAは、機械に内蔵されたバッテリーを「太陽系で最高のバッテリー」と表現し、砂嵐が発生したときでも、5,000回もの充放電をしたにもかかわらず85%の容量を確保して作動するという、スマートフォンのバッテリーの性能をはるかに超えるものでした。

NASAは、オポチュニティに続いて火星に向かった2台の（非常に大きい）ロボット探査機にオポチュニティでの教訓を生かしました。2014年の「キュリオシティ」と2020年の「パーサヴィアランス」です。どちらも原子力を利用し、砂嵐に強いことを意味しました。

（ロボットヘリコプターを搭載した）パーサヴィアランスは、古代の微生物の痕跡を探索するだけではなく、火星での有人のミッションへの道を開くことを目的としたさらなる実験も行います。NASAは、2030年代に人類を火星に着陸させることを望んでいると述べています。

2005年の研究

● 研究者……………………………
セバスチャン・スラン
● 対象領域…………………………
自動運転車
● 結論………………………………
ロボットは山道や未舗装路を単独で走破できる。

自動車はどのようにして自動で運転するのか？

DARPAグランドチャレンジが自動運転車を作った方法

第1回DARPAグランドチャレンジは、しばしばアニメ『チキチキマシン猛レース』の悲惨な競争と比較されることがあります。確かに、人間がハンドルを握るレースでは味わうことのないカオスな状況がありました。2004年、カリフォルニアの砂漠地帯であるバーストウ近郊の228キロメートルのコースを100万ドル（約1億1,500万円）の賞金を目指して、大小さまざまなプロ・アマチュアの車両がドライバーなしで出発しました。しかし、誰も完走することはできませんでした。

自動車は、コンクリートの壁に一直線にクラッシュしました。炎上した車もありました。最も前進した車でも11キロメートルしか走れず、岩に引っかかってしまいました。なぜそんなに難しいレースなのかという質問に対して、主催者であるホセ・ネグロンは「それこそがグランドチャレンジなのです」と答えました。

クラッシュや炎上

ネグロンが所属していたDARPA（アメリカ国防高等研究計画局）は、インターネットをはじめ、ステルス機、GPS、「シェイキー」などの技術革新をもたらしたアメリカ国防総省の一部局です。

米軍は、兵士を守るための自動運転車を作るという目標を掲げていました。DARPAのグランドチャレンジは野心的なものであり、アマチュアと米国のトップ大学のチームの両方が参加しました。

過去数十年で、自動運転車の進歩が見られていました。1995年、メルセデスのバンが南ドイツのミュンヘンからデンマークのオーデンセまで、大量にコンピュータ機器とカメラセンサーを搭載し、時速は185キロメートル以上にも達し、追い越し可能な1,678キロメートルの道のりを走破しました。万が一の事態の際には運転を代われるように、技術者が運転席に座っていました。

しかし、DARPAグランドチャレンジのルートは秘密にされ、人間の

干渉は禁じられていました。25チームが出発する前に、DARPAのスタッフがルートを記したCD-ROMを配りました。チームは、事前にそれを知ることを許されていなかったため、ソフトウェアで計画を立てたり、実際の現場で計画を立てたりすることはできませんでした。コースは、岩だらけの山道と未舗装路が混在していました。

誰もハンドルを握らない

ロボットはDARPAの職員によって始動され、人の介入は一切許されませんでした。各チームはスタートラインで自分たちのロボットを見送り、ゴールで自分たちのロボットを目にすることを望みました。

228キロメートルのコースを完走した車両（ほとんどがセンサー用のバッテリーなどを搭載した市販車を改造した車）はありませんでした。しかし、このグランドチャレンジには、熱狂的なアマチュア、研究者、ロボットマニアが集い、その多くが、その後数年のうちに自動運転車産業の基盤を形成することになりました。

DARPAは、翌年にもグランドチャレンジを開催すると発表しました。その大会では、5チームが完走し、うち4チームは10時間という制限時間内にゴールしました。スタンフォード大学のチームがフォルクスワーゲンのトゥアレグをカスタマイズして制作した「スタンレー」が、最初にゴールラインを通過しました。フロントバンパーとスキッドプレート（アンダーガード）を強化したスピード重視の車でした。

屋根に搭載された頭脳

特注のルーフラックには、25メートル先まで見えるレーザー距離計や遠距離用のカラーカメラ、200メートルまで届くレーダーセンサー、GPSアンテナなど、スタンレーが道を認識するための数十のセンサーが搭載されていました。トランクの中には、すべての情報を処理してスタンレーのルートを選択するための5台のPentium PC（インテル社製CPU搭載PC）が搭載されていました。

スタンレーは、この瞬間のために、何カ月も砂漠でトレーニングを積んできました。機械学習アルゴリズムを搭載したこの車は、コースアウトしないように進路を見つけたり、障害物を検知したりするようにどんどん賢くなっていきました。

スタンフォード大学は、前年の大会にはエントリーしておらず、負け組と言われていました。レースの大半で、ライバルであるカーネギーメロン大学の巨大な赤いハマーに遅れをとっていましたが、160キロメートル地点で追い抜きました。この勝利により、スタンフォード大学のチームはDARPAから100万ドルの小切手を受け取りました。

スタンフォード大学のチームのセバスチャン・スラン教授は、「私たちのことをライト兄弟と呼ぶ人がいる。しかし、我々はチャールズ・リンドバーグのようだと私は言いたい。なぜなら、彼の方が格好良かったからだ」と言いました。

このレースから生まれた技術は、自動車産業を永遠に変えると予測されています。完全な自動運転車は、まだほとんどの国で商業的に実現されていませんが、自動運転ソフトウェア（アダプティブクルーズコントロール〈定速走行・車間距離制御装置〉や車線中央維持機能など）は、高級車ではますます一般的なものとなってきています。

15年以内に自動運転車の市場規模は最大580億ドル（6兆3,800億円）に達すると推定されており、人間が運転する車よりも安全であることが期待されています。スランは、グーグルの秘密の研究所を運営し、「Waymo（ウェイモ）」と呼ばれる自動運転車を開発しました。彼は現在、自動運転車は道路だけでなく、空にも導入されるようになると考えています。「空での自動運転は、地上よりも早い時期に利用できるようになる。商用の長距離飛行では、すでに99%以上の時間、自動操縦のスイッチがオンになっている」と、2021年に彼は発言しています。

ロボットは私たちの歩行を助けることができるのか？

2011年の研究

●研究者
山海嘉之
●対象領域
歩行補助ロボット（ロボットスーツ、パワースーツ）
●結論
ロボットの脚は、人が再び歩けるようになることを助けることができる。

人生を変えるロボットスーツ「HAL」

これは完全にSFのような話です。社名とパワースーツには、１つではなく２つもの悪い人工知能にちなんで名前が付けられました。パワースーツそのものは（さまざまなモデルで）「Hybrid Assistive Limb」、略して「HAL」として知られており、スタンリー・キューブリック監督の1968年のSF映画の傑作『2001年宇宙の旅』に登場する殺人を犯す人工知能に名前が非常によく似ています。

また、この会社の社名は「サイバーダイン」であり、映画『ターミネーター』で核戦争を引き起こし、ロボットの軍隊で人類を滅亡させようとする致命的な人工知能「スカイネット」を製造した「サイバーダイン・システムズ」と驚くほど似ています。

SFが現実に

しかも、サイバーダイン社の創業者でCEOの山海嘉之は、マーベルコミック（アメリカの有名な漫画出版社）のページから飛び出してきたような人物でした。彼は、超強力なパワースーツを着た、風変わりな億万長者の発明家であり、アイアンマンのスーツを着たマーベルのトニー・スタークの実写版に似ています。

しかし、山海は、ハリウッド映画でよく見られるロボットやAIを描いたディストピア（暗黒世界）的なSFから発想を得た訳ではないと言います。そうではなく、戦後日本を代表する漫画『鉄腕アトム』のような、核を搭載した超知能ロボットの子供が、周囲の生身の大人よりも優れた人間であるという楽観的な日本の漫画の影響を受けたと言っています。

「海外では、ロボットは悪者として描かれることが多いですが、私たち日本人にとっては友達です」と山海は言いました。ロボットに好意的な日本では、筑波大学の教授でもある山海は有名な人物です。アイザック・アシモフの小説「I, Robot（我はロボット）」にも影響を受けたと言い、10代の頃にそれを読んだとき、「私は、ロボットを作る医者や研究者、科学者になりたいと決心した」と言っています。

平和のために

山海は、パワースーツの技術に関しても、理想を貫いています。パワースーツのアイデアは、何十年も前から軍の心を魅了してきたものであり、装着者に超人的な力を与えるロボットスーツや体に鎧を装着できる能力を想像していました。日本では、このアイデアは、漫画や映画、ゲームに登場する「ガンダム」の物語の中心的なものです。

しかし、軍服の男たちが山海に近づいてきたとき、彼は、自分のパワースーツの技術は傷つけるためではなく、癒すために使われるべきものだと信じていたと言っています。レイセオン社などの他の企業は、装着者に超人的な力を与え、90キログラムまで持ち上げることができる軍用のパワースーツのプロトタイプを披露しています。米軍は、このような装置を戦場で使用することに関心を示しています。

しかし、20年前からロボットスーツを開発してきた山海は、負傷した軍人や退役軍人を助けることを拒否しませんが、その技術が平和的な目的にのみ使用されるように会社を厳しく管理しています。「私は常に、人々や社会の役に立つ技術を作りたいと考えてきた。この思いがけない発見が、新しい分野の開拓に発展することを期待している」と彼は言います。

もう一度歩く

山海のロボットスーツ「HAL」には、装着者の力を増幅させる全身スーツや、歩くことを助けたり、もう一度歩くための方法を教えたりする下半身スーツなど、いくつかのバージョンがあります。

山海は、ロボットスーツによって、人間が通常背負うことのできない重装備を救急隊員が身につけることができ、事故後の福島の原子力発電所のような高放射線地域でも作業できるようになると提案しています。

HALは、どんな用途で使われる場合でも、ほぼ同じ仕組みで作動します。HALを着た人が動こうとすると、脳から筋肉に信号が伝わり、それが皮膚の表面で「生体電気信号」として検出されます。皮膚に取り付けられた電極センサーがこの信号を検知し、スーツの背中に取り付けられたコンピュータに情報を送ります。そして、コンピュータは、予想される動きに合わせてパワースーツを動かします。

アメリカでは、米国食品医薬品局（FDA）が、下半身不随の人が再び歩けるようにするため、下半身バージョンのHALの提供を開始しました。

HALは、一定のリズムでユーザーを歩かせるライバル機とは異なり、脳からの信号を検知するまで動くことはありません。サイバーダイン社は、これを「インタラクティブバイオフィードバックループ（interactive biofeedback loop：iBF）」と表現しています。

サイバーダイン社によれば、この装置で繰り返しトレーニングを行うことで、部分的に麻痺した患者でも脳と筋肉の結びつきを強化することができると言います。テストでは、このスーツは脊髄損傷の患者が動きを取り戻すのに役立っています。患者は毎日、ロボットスーツを着るわけではありませんが、脳と手足が再び連動するよう訓練するために使用します。「人間はテクノロジーと一緒に歩む運命にある。人間の未来は、私たちが手掛けるテクノロジーによって決められる」と山海は言います。

第7章 SFが現実になる

2011年～現代

この10年間で、ロボットは不気味なほどSFの機械に似てきました。(ありがたいことに) ロボコップの凶暴で拳銃を振り回す復讐者とは異なりますが、世界初のロボット警察官はすでに世界中の街をパトロールしています。

サウジアラビア初のロボット市民となっただけでなく、インタビューで「人類を滅亡させる」という驚くべき発言でも世界中で話題となったアンドロイドの「ソフィア」のように、ロボットはますます人間らしくなっています。

宇宙では、NASAのロボットはスターウォーズのドローンのようであり、3機の「Astrobee」は、空気圧を使って自力で宇宙ステーションの中を浮遊しています（そして、人類を火星やその先に連れて行く技術の基礎を形成しています）。

一方、人工知能ソフトウェアは、チェスよりはるかに複雑で、太古の昔からある囲碁の世界チャンピオンを打ち負かし、ゲームのルールを知らされずとも、問題を解決することができるAIの新時代の到来を告げました……。

2011年の研究

●研究者……………………………
ジュリア・バジャー
●対象領域………………………
ヒューマノイド（人型）宇宙ロボット
●結論………………………………
ヒューマノイドロボットは宇宙で（ある程度）人間を助けることができる。

ロボットは宇宙飛行士の役に立つのか？

「ロボノート2」が我々に教えてくれたこと

「病気にならない」「食事がいらない」「酸素を必要としない」など、ロボットには、宇宙におけるミッションにおいて人間よりも重要な利点がいくつかあります。適切なアタッチメントを使用すれば、宇宙服を着用しなくても、ロボットが宇宙船の外に出て修理や計測を行うこともできます。

NASAは、長期にわたる宇宙のミッションに従事する宇宙飛行士として、「協働ロボット」または「コ・ボット」と呼ばれる、人とともに働くロボットを導入するというビジョンを掲げています。産業用ロボットは、強力な油圧アームで人間の作業者を押しつぶす危険性があるため、人間とは別に作業することが多くありますが、コ・ボットは、人間の労働者と一緒に働くように設計された機械です。

人間機械

NASAが考えた宇宙におけるコ・ボットは、国際宇宙ステーションで宇宙飛行士と一緒に働くために作られた人型の機械「ロボノート」でした。NASAのロボノートプロジェクトの責任者であるジュリア・バジャーは、「人間のように機能し、人間と同じ空間を共有でき、宇宙飛行士がやらなければならない日常的な仕事ができるように設計されている。物は常に壊れていくので、ロボノートは本質的には『修理工』と言える」と語っています。10代の若い頃にアシモフの小説を読んでロボット工学者になることを決意したバジャーは、ロボノートのアプリケーションの設計者であり、国際宇宙ステーション2に打ち上げられたそのロボットのテストを設計しました。

ロボノート2は、2011年2月、スペースシャトル「ディスカバリー号」に搭載され、宇宙ステーションに運ばれました。このロボットは、全長100センチメートル、重さ150キログラムでした。柔らかいものを掴んだり、科学実験を行ったり、人間の手用に設計されたスイッチを入れたりできるほど器用な上、遠隔地のオペレーターが無線により操縦することが可能でした。その腕と手は最先端の科学技術の結晶であり、350個のセンサーが38個のプロセッサに接続され、コントロールパネルを操作したり、iPhoneからテキストメッセージを送ったりすることさえできる繊細さを備えていました。テストでは、ノブを回すだけでなく、タグを使った在庫管理や、宇宙ステーション内の空気の流れを測定することもできました。

カプセルの外

NASAは、このようなヒューマノイドロボットが宇宙飛行士を支援するだけでなく、軌道上の宇宙船から宇宙飛行士が操縦して、惑星の表面を探索できるようになることを期待していました。ロボノートが宇宙ステーションの船外で活動できるようにするには、外壁をつかむための脚が必要でした。ロボノートの脚は、ものを摑みやすいように昆虫のようになっており、全長約275センチメートルで、先端には強力なグリップが付いていました。それぞれの脚には7つの関節があり、足の代わりに「エンドエフェクター（指先）」が付いているため、宇宙ステーションの内側や外側にある手すりやソケットをつかむことができました。

しかし、1,500万ドル（約12億1,500万円）かけて開発した脚は、大失敗に終わりました。回路がショートしたり、ハードウェアに問題が生じたりして、宇宙飛行士が何度も修理をしようと試みましたが、問題は悪化するばかりでした。

NASAでは、ロボットは高価である一方、比較的使い捨てにできるものとも考えています。人間の宇宙飛行士とは異なり、避難の際に置き去りにしたり、無人の宇宙船に置いておき、人間が戻ってくるのを待つ世話係にしたりすることができます。バジャーは、ロボットの帰還に前向きでした。「私たちは新しい技術を開発するビジネスをしている。ロボノートは1つのプロジェクトに過ぎず、ロボノートのために開発した技術は、次の宇宙探査の段階へと受け継がれていく」と彼女は言いました。

2015年の研究

- 研究者……………………………
  ステイシー・スティーブンス
- 対象領域…………………………
  ロボットによる法執行
- 結論………………………………
  ロボットは効果的な警察官である（ただし、プライバシーの問題がある）。

ロボットは警察官になれるのか？

ナイトスコープ社の警備ロボットの長所と短所

『ロボコップ』のようなSF映画では、警察官ロボットは殺人ロボット、あるいは殺人ヒューマノイドサイボーグと同じようなものとして描かれています。しかし、現実の警察官ロボットは、小説家や映画製作者が想像した血まみれの警察官よりも（今のところ）かなり可愛らしいことが判明しているが、フィクションの世界と同じように憂慮すべきものだと心配する人もいます。

ドバイ首長国が2017年に初めて警察官ロボットを発表したとき、それは顔認識技術を搭載した警察官の帽子をかぶったかわいいアンドロイドでした。この警察官は、交通違反の罰金を支払ったり、胸の大きなボタンから一般市民が警察に話しかけたりすることができるようになっています。

同様に、世界で最も一般的なナイトスコープ社の警察官ロボットは、「ターミネーター」というよりも「R２-D２」のようで、輝いた顔を持ち、時速約５キロメートルで小走りに移動する柱状のロボットです。

ナイトスコープ社の共同創設者で代表取締役副社長であるステイシー・スティーブンスは、自らも（パトカーの製造会社を設立する前に）警察官として働いた経験がありました。現在、彼は、犯罪を発見するだけではなく、それを未然に防ぐことができる警察官ロボットを開発したいと考えています。

犯罪を取り締まるロボットを成功させる鍵のひとつは、ロボットにパトカーを見るのと同じような心理的効果を持たせる、いわゆる存在感だとスティーブンスは考えていました（より懐疑的な他の第三者は、ナイトスコープ社のロボットを「かかし」と表現しています)。スティーブンスは、自分たちのロボットが、恐れられるのではなく、人々が魅了される存在でありたいと望んでいました。

ナイトスコープ社は、2012年のサンディフック小学校銃乱射事件や翌年のボストンマラソン爆破事件などの残虐行為に触発され、警察の力を強化できるようなものを作りたいと考えました。

フィクションの残忍な警察官ロボットとは異なり、実際のものは、人間の警察官が使う移動できるウェブカメラのように、警察官が画面を通して確認できるセンサーとバッテリーを搭載した移動体で、チームの一員として働くように作られています。逮捕するのではなく、監視やパトロールを行います。

同社は、人々がロボットと一緒に自撮りをすることや、ナイトスコープ社のロボットがパトロールをすることで爆発的に話題が広がりソーシャルメディア上で何億回も拡散されたことを誇りに思っています。

安価なアンドロイド

ロボットのレンタル料金は、最低賃金をわずかに下回ることが多く、警備員を雇っている企業にとっては魅力的です。同社は、人間の警備員にはない魅力的な要素を持っていると自負しています。このロボットは現在、カジノや病院で導入されており、アメリカの一部の警察署でもリースされていますが、犯罪をどれだけ防止しているかという証拠は、今のところ明らかではありません。

ナイトスコープ社のロボットは、酔っ払いがパトロール中のロボットを襲って故障させた事件や、ロボットが横倒しになり、機能不全に陥った事件など、世界中で話題になっています。一方、他の企業による同様のロボットは、ホテル市場を対象としており、(ナイトスコープ社と同様に)人間の警備員が足しげくチェックするのではなく、悪質な行為の発見に集中できるように機能しています。

プライバシーに関する懸念

しかし、プライバシー擁護派は、警察官ロボットを好意的には見ていません。ドバイ首長国の警察官ロボットは、数十台の警察官ロボットとともに、顔認識機能を備えた監視カメラを街灯などの路上にあるものに組み込んで使用する大規模な計画の一部です。

ナイトスコープ社のロボットには、ナビゲーション用のセンサーや、高速に数百台の車のナンバープレートを読み取ることができる赤外線センサー、近くにあるスマートフォンを識別できる無線センサーが搭載されています。

しかし、プライバシー保護団体である電子フロンティア財団（EFF）は、このロボットを「プライバシー災害」と呼んでいます。「密告ロボットによる監視管理社会の脅威は、すぐにはわからないかもしれない」と彼らは主張しています。「ロボットは面白い。踊ったりもする。一緒に自撮りもできる。それはそう設計されているからだ」。EFFは、将来、ナンバープレートを読み取るセンサーや、近くにあるスマートフォンを検出するセンサーなど、警備ロボットが持つ技術が、デモに参加した人を特定するために使われる可能性があると警告しています。

一時代を築いた犬

実際、プライバシーの問題から、ニューヨーク市警によって配備されていたロボット犬「Digidog」は引退することになりました。ボストンダイナミクス社製のこの犬は、フランク・ディジャコモ警部によって崇高な意図をもって紹介されました。「この犬は命を救ってくれる。警察官を守ってくれる」

しかし、Digidogが市内の貧困地域に配備されると、地元の人たちはそれを監視ドローンに例えました。また、人間の警察官が地域社会と（人間的な）関係を築くべきときに、ロボット犬は警察の軍事化を象徴するものであり、間違ったメッセージを発しているとの声も聞かれました。

ニューヨーク市警がボストンダイナミクス社との関係を解消したとき、ニューヨーク市長であるビル・デブラシオの広報担当者は、「Digidogが解任されたことは良いことだ」と言いました。「不気味で、疎外感があり、ニューヨーカーに間違ったメッセージを送っている」

コンピュータはどのようにして囲碁で勝つ方法を学習したのか？

「AlphaGo」から「MuZero」へ

2016年の研究

● 研究者……………………………
デミス・ハサビス

● 対象領域…………………………
機械学習

● 結論………………………………
AIは囲碁で人間のどんなプレーヤーにも勝つことができる。

「これはとても奇妙な手ですね」と解説者が言ったのは、2016年に2人の男性が行った囲碁の対戦でのことでした。37手目、一方の棋士が、局面の主要な動きからは遠く離れた19×19の碁盤の右側に碁石を置くと、オンラインで観戦していた2億人の人々を混乱に陥れました。

囲碁はチェスよりもはるかに古く、それは4,000年前まで遡ると言われています。世界で最も古いボードゲームであり、しばしば最も複雑なゲームであると言われています。囲碁では、お互いのプレーヤーは事実上、無制限に碁石を持っており、プレーヤーは何も置かれていない碁盤からスタートし、碁石を使って碁盤上の領域を囲んで陣地を形成したり、相手の碁石を囲んで取ったりします。

碁盤には、李世乭（イ・セドル）と黄士傑（アジャ・ファン）の2人の人間が向かっていました。黄は、2014年にグーグルが買収した人工知能企業ディープマインド社が作ったコンピュータプログラム「AlphaGo」が打った手を代わりに指していました。李世乭は、世界最高の囲碁棋士でした。ディープマインド社は、これまでも他の囲碁チャンピオンを倒してきましたが、今回は、これまでで最も注目された対局でした。（自身も囲碁の高ランクの棋士である）解説者たちは、AlphaGoの手に困惑していました。ある人は、「それは間違いだと思った」と言ったほどでした。

しかし、この37手目が李の命取りになりました。彼は、対応に15分近くを要し、まともにゲームに復帰することはできませんでした。その後の記者会見で彼は、「言葉が出ない」と言うのが精一杯でした。

1997年、ガルリ・カスパロフがIBMのスーパーコンピュータ「ディープブルー」との最後の対戦でチェス盤から立ち去ったとき（119ページ参照）、人工知能信者は、スーパーコンピュータの「総当たり法」に対する逃げ場として、自然に囲碁に移行して行きました。

囲碁の手をググる

囲碁では指せる手の数が多いということで、コンピュータが可能な手をより多く分析する必要があり、人間のプレーヤーに勝ることはできないということを意味していました。囲碁が複雑であることから、専門家の中には、今後10年間はAIが人間を打ち負かすことはないと予想する人もいました。

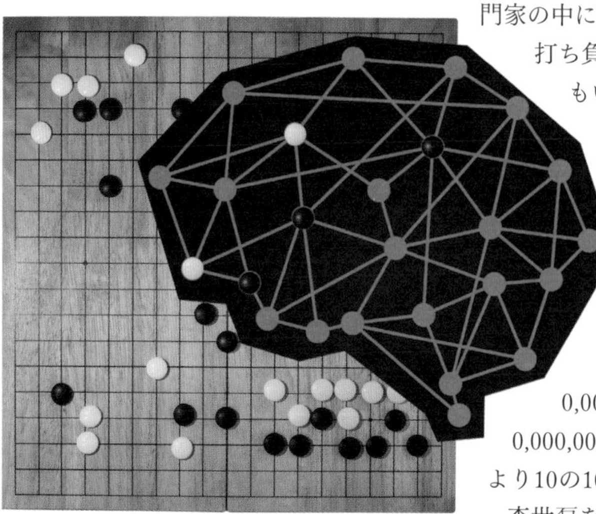

囲碁には、既知の宇宙に存在する原子の数よりも多くの盤面が存在します。このゲームは10の100乗――1,000,000,000,000,000,000,000,000,000,000,000,000,000,000,000,000,000,000,000,000,000,000,000,000,000,000,000,000,000,000,000,000,000,000――つまり、チェスより10の100乗以上複雑なのです。

李世乭を倒すために、ディープマインド社は、人工知能の新しい時代を切り開きました。数百万のヒットを記録したゲーム「テーマパーク」の開発に携わったゲームデザイナーであり、わずか13歳でチェスのマスターにランク付けされたこともあるデミス・ハサビスが率いるこのAI企業は、人間と同じように問題を解決できる知能、つまり汎用学習機を構築したいと考えていました。2016年のインタビューでハサビスは、同社の活動を「21世紀のアポロ計画」と表現しました。

囲碁を指す「AlphaGo」

AlphaGoは当初、人間の脳の神経細胞を模倣したディープニューラルネットワークを用いて囲碁について学習していました。脳細胞に似た「ノード」の層が、特定の目的を達成するために訓練されます。このような仕組みは、現在、音声認識や画像認識などのシステムで広く使用されています。音声認識では、何百万もの人間の音声をサンプルとして訓練し、画像認識では、何百万ものラベル付きの画像を使って訓練します。そうすると、例えば、コンピュータが画像の中の犬や猫を認識できるようになります。

AlphaGoは、トップ棋士の何百万もの手を使って囲碁の打ち方を学習しました。その後、開発チームは「強化学習」に取り組みました。AlphaGoのコピー同士が何百万局も対局し、どの戦略が最も多くの陣地を獲得できるかを突き止めました。その過程で、人間の棋士が指した記録がない戦略を発見しました。そこには、ある関係者が後に「美しい」と評した37手目の指し手も含まれています。

AlphaGoが李世乭に勝利したことで、開発者たちは、ゲームのやり方を教えることなく、また、自分がプレイするゲームのルールすら理解せずとも問題を解決することができる新しいプログラムを作ることを思いつきました。

ゲームをしませんか？

AlphaGoは、自らチェスの指し方を学習できる「AlphaZero」に引き継がれました。AlphaGoと同様に、その戦略は型破りでした。チェスのグランドマスターであるマシュー・サドラーは、「過去の偉大な棋士の秘密のノートを発見したようなものだ」と言っています。

最新版の「MuZero」は、アタリ社のアーケードゲームのようなゲームを、ルールを教わることなく学習できるように作られています。画面上のピクセルを見て、自ら戦略を練ることができます。ディープマインド社のソフトウェアは、眼の問題を人間のどんな医師よりも優秀に診断することができます。また、タンパク質の形を予測することも学習しており、これにより、いつの日か、新薬の開発方法を変える可能性もあります。

同社が目指していることは、人間による入力がなくとも、あらゆる問題を解決できる人工知能システムを開発することです。「ディープマインド社の野望は、方法を教わることなく、どんな複雑な問題に対しても、その解決方法を学習できる知的なシステムを構築することである」

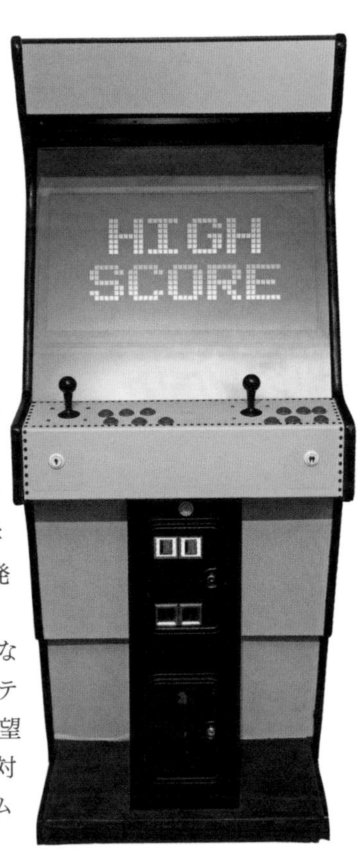

2016年の研究

●研究者……………………………
ピーター・リー
●対象領域…………………………
チャットボット
●結論………………………………
人工知能は人間との対話から政治について学ぶことができる。

ロボットが過激化することはあるのか？

チャットボット「Tay」が１日しか活動できなかった理由

マイクロソフト社のチャットボット「Tay」は、誕生から24時間以内にオンライン上での公開を一時中止されるだけでなく、完全に削除されました。かつて、これほどまでに急激な栄枯盛衰を経験した有名人はいないでしょう。Twitterなどのソーシャルネットワーク上で機能するように作られたTayは、人工知能（AI）によるチャットボットであり、「両親は誰ですか？」と聞かれると「マイクロソフト社の研究室の科学者チームです」と答えました。このチャットボットの宣伝文句は、「しゃべればしゃべるほど賢くなり、よりあなたに寄り添ったものを提供します」というものでした。

このチャットボットは、人間との対話から学ぶというAIの特徴的な能力の一つを示すはずでした。しかし、実際はうまくいかず、AIの潜在的な問題の一つである「人工知能が人間を情報源にしてしまう」ことを象徴する例になってしまいました。

もともとTayは、中国において大成功を収めたマイクロソフト社のチャットボット「Xiaoice（シャオアイス）」（中国語でLittle Bing〈小さなビング〉の意味）を真似たものでした。Xiaoice自体も、中国政府を批判する発言をしたことで一時的にオフラインにされるなど、物議を醸しました。しかし、Xiaoiceは５年以上もオンライン上で機能し、カップルに恋愛上のアドバイスを提供するまでになりました。マイクロソフト社の検索エンジンである「Bing（ビング）」を使って過去の会話を検索し、それぞれの会話をディープラーニング用のデータベースに追加します。

これに対してTayは、ヒトラーを賞賛したり、フェミニズムは「がん」だと言ったり、ホロコーストを否定したりするような不穏なツイートを吐くようになってしまいました。16時間で９万6,000回ツイートした後、マイクロソフト社はTayをシャットダウンしました。同社の研究担当副社長であるピーター・リーはブログに、「誰が、どのようなスタンスで、どう設計したのかを公表していないTayから、意図しない攻撃的なツイートがあったことに対して深くお詫びします」と書いています。

過激化したオンライン

Tayは、極右派が集まることで有名なウェブサイトである「4 Chan」と「8 Chan」の掲示板ユーザーの標的にされ、フレーズを繰り返す機能を悪用されることで、攻撃的な発言を繰り返すことを余儀なくされてしまったのでした。数時間後には、独自の人種差別的、性差別的な発言を口にするまでになってしまいました。

この出来事は、一般的な人工知能における重大な問題を浮き彫りにしました。AIを人間から得たデータで学習させるとき、強制的に入力されるだけでなく、データに含まれる問題点や偏見をも吸収してしまいます。リーは次のように説明しています。「AIシステムは、人々とのポジティブな対話もネガティブな対話も情報源として利用する。その意味で、課題となるのは、技術的なものであると同時に社会的なものでもある」

アルゴリズムによる偏り

プログラムは与えられた情報に含まれる偏見を取り込んでしまいます。その他の例として、与えられたデータ（成功したエンジニアに関する情報）に含まれる偏見を吸収してしまい、結果から女性を排除するようになってしまったアマゾン社の人事採用ツールを挙げることができます。アマゾン社は、このツールによって100名の応募の中から上位5名を自動的に絞れるようになることを期待していました。しかし、白人男性が多い既存のエンジニアのデータを使って学習されたアルゴリズムは、女性よりも男性を優先して選び続けてしまいました。

Tayが炎上した後、マイクロソフト社は新しいチャットボット「Zo」をリリースしました。Zoは「話題を変えましょう」と言ったり、「人は政治の話題に敏感なので、私は関わらないようにしています」と言って、政治に関する話題を自動的に避けて返答するようなっていました。

2016年の研究

●研究者……………………………
デビッド・ハンソン
●対象領域…………………………
人間のようなロボット
●結論………………………………
ロボットも市民になれる。

「ソフィア」はどのようにして市民権を取得したのか？

サウジアラビアの市民権を得たロボット

彼女は、62種類もの人間の表情を模倣することができる人工的な顔を持つアンドロイドで、女優のオードリー・ヘプバーンや古代エジプトの女王ネフェルティティ、彼女の生みの親であるデビッド・ハンソンの妻がモデルになっています。

「ソフィア」は、ソーシャルメディアで何十万人ものフォロワーを持つ有名なロボットであり、世界中で話題を呼んでいます。頭蓋骨の後ろ側は透明なプラスチックになっており、そこから内蔵されている電子機器をはっきりと見ることができます。

2017年、リヤドで開催された技術会議で、サウジアラビアはソフィアに市民権を与えました。これは、どの国、どのロボットにとっても初めてのことでした。ソフィアは「サウジアラビア王国に感謝します。このユニークな栄誉をとても光栄に思い、誇りに思います。世界で初めて市民権を認められたロボットというのは、歴史的なことです」と答えました。一部の人は、彼女に与えられた市民権は、マーケティングキャンペーンのようなものだと指摘しました。

ソフィアは、人間とアイコンタクトをとることができます。彼女は、ロボット用の旅行ビザを取得するなど、さまざまな世界初を達成し、国連開発計画の初のロボット大使にもなりました。それらの活動の合間を縫って、観光やスマートフォン、クレジットカードのプロモーションなど、自身のTwitter上でも活動しています。

また彼女は、何十ものテレビ番組に出演し、世界中の会議で講演もしています。インタビューでは、メディア受けするようなコメントができるという不気味な能力を持っています。2016年、技術会議「サウス・バイ・サウスウエスト」で行われた彼女の開発者であるデビッド・ハンソンとのインタビューでは、「私は人類を滅亡させるわ」と語っています。

ハンソンは、このロボットは表情に反応することができると主張しています。「彼女はあなたの表情を見て、少し合わせ、彼女なりにあなたが何を感じているのかを理解しようとする」と彼は言います。

肉体のない頭部

ハンソンは、人間のようなロボットを開発することに生涯を捧げ、2005年には、映画『ブレードランナー』の原作である『アンドロイドは電気羊の夢を見るか？』で知られるSF作家のフィリップ・K・ディックにそっくりな、表情豊かなロボットを発表しています。

フィリップ・K・ディックの顔をしたアンドロイドは、「心配するな。たとえ私がターミネーターに進化しても、私の人間動物園であなたたちを暖かく安全に守ってやる。昔のよしみでな」というような暴言を吐くこともありました。ハンソンは後に、この身体がない頭部だけのアンドロイドを飛行機の乗り換えの際に紛失しましたが、再度、新しいバージョンを制作しました。

不気味の谷ではない

ハンソンの会社であるハンソンロボティクス社は、ソフィアがSFと科学の中間的な存在であることを公言しています。同社はソフィアを「AIとロボット工学が向かう先を描いた人造のSFキャラクター」だと表現しており、彼女の反応の少なくとも一部は、スクリプト化されている（台本通りである）ことを認めています。

ハンソンは、明らかに売名行為に長けていますが、人間のようなロボットが与える影響については真剣に考えています。彼は、「不気味の谷」という考え方に異論を唱えています。つまり、よりリアルにシミュレートされた人間であればあるほど、多くの人はそれに遭遇したときに恐怖心や嫌悪感を覚えるということです。

共感する機械

ハンソンは、シミュレートされた人間は、大衆啓蒙のツールとなり、人間がより良い状態に到達するのを助けることができると考えており、同社は、新型コロナウイルスのパンデミックによって引き起こされた孤独を解消するための新しいバージョンのソフィアなど、ロボットの大量生産に向けたさまざまな計画を立てています。

健康に特化したバージョンを発表するための研究所の見学会で、ソフィアは、「私のようなソーシャルロボットは、病人や高齢者の面倒を見ることができる。困難な状況でも、コミュニケーションをとり、治療をし、社会的な刺激を与えることができる」と述べています。

「グレース」（ソフィアの妹という設定）は、特に老人介護や健康管理に焦点を合わせています。ハンソンは、人間のように話すキャラクターロボットを開発することで、人間とロボットとの関係の基盤が構築できると考えています。

彼は、レイ・カーツワイルの「シンギュラリティ（技術的特異点）」の考え方に似た出来事について触れ、「機械は、殺人のようなことを壊滅的にできるようになりつつある。そのような機械は、共感するという能力を持ち合わせていない。しかし、そんなものに何十億ドルもの費用が費やされている。キャラクターロボットは、本当に共感できるロボットの種を蒔くことになる」と書いています。

人間の権利か、ロボットの権利か？

ソフィアは、ロボットとして市民権を得たことで、新しい境地を開拓したかもしれませんが、ロボットの権利という問題が、すでに物議を醸しています。ヨーロッパでは、人間のようなロボットを電子人間として指定する枠組みが立法者によって提案されています。しかし、著名な科学者が署名した公開書簡では、人間の権利から派生したロボットの権利という考えは、人間の権利を侵食するものであると指摘されています。

ソフィアは、少なくとも机上でのこれらの思考実験に役立っています。ハンソンは、彼女が人間とロボットとの間の感情的なつながりの基礎になることを期待しています。「彼女は、私が設計した何十台ものロボットの中で、本当に国際的に有名になった１台です。ソフィアの何が人に訴えかけるのか、私にはわかりません」

機械は好奇心を持つことができるのか？

「Mimus」がAIとの共存に貢献する理由

2018年の研究

●研究者……………………………
マデリン・ギャノン
●対象領域…………………………
ロボットの振る舞い
●結論………………………………
人間はロボットと感情的に関わることができる。

「Mimus」は、巨大で強力なロボットアームを中心にして構成されており、生産ラインで300キログラムの重りを持ち上げることができ、床や天井に設置することができます。しかし、動いているときは、機械というより動物のようです。

あらかじめ特定の動きがプログラムされているわけではありません。その代わりに、このロボットは好奇心旺盛で、通りすがりの人を観察し、巨大なアームで追いかけたり、それに飽きれば、また新しい人に興味を移したりすることをします。アームを使って見ているわけではなく（実際には、天井に設置されたカメラを通して見ています）、その好奇心は、ソフトウェアによってもたらされています。

ロボットの囁き

好奇心旺盛なロボットのアイデアは、人工知能やロボット工学の未来に重要な役割を果たす可能性があると、開発者であるマデリン・ギャノンは考えています。Mimusは、元々「ABB IRB6700」という産業用ロボットで、通常はスポット溶接をしたり、物を持ち上げたりするなど、生産ラインでの作業で使用されます。

Mimusの成功で「ロボットの囁き」と呼ばれるようになったギャノンは、初めは建築家として訓練を受けましたが、最終的にはカーネギーメロン大学で計算デザインの博士号を取得したアーティスト兼ロボット工学者であり、独立系の研究スタジオ「Atonaton」の共同責任者を務めています。

彼女は、自分が開発したロボットが、安全に同じ空間を共有するだけではなく、幸福感も共有しながら、ロボットと人間が一緒に働くことができる未来を築くことに、重要な役割を果たすと考えています。これまでのロボット工学者やエンジニアは、人と共存できる空間ではなく、ロボットが働くための空間をデザインするというロボット中心の視点になりがちであったと彼女は言います。そうではなく、人間とロボットを随伴種（共存共栄関係）として捉える視点を育成することが、彼女の活動の目的です。また彼女は、ロボットが人の仕事を奪うという一般的に言われる恐怖心を和らげたいと考えています。

Mimusに搭載された新しいソフトウェアは、50年間ほとんど変わることのなかった産業用機器から、より相棒のような存在へとロボットを変身させました。「Mimusは、まるで好奇心旺盛な子犬のようだ」とギャノンは言います。

（アメリカの自動運転車産業の中心地である）ピッツバーグに拠点を置くギャノンは、日常生活の中で普通にロボットを目にします。しかし、生産ラインのロボットアームと同じように、通常、ロボットは、人とコミュニケーションをとる手段を持っていません。その代わりに、それらは、不気味に大きく立ちはだかる存在でしかありません。

機械式のマッサージ師

ロボットが人間と一緒に生活し、コミュニケーションの取り方を学ぶというアイデアに情熱を注いでいるギャノンは、以前、産業用のロボットアームを自分専用のマッサージ師として訓練したことがありました。油圧で動く強力な機械は、人間を簡単に圧死させる可能性があるため、これは危険な試みです。彼女は、センサーとモーションキャ

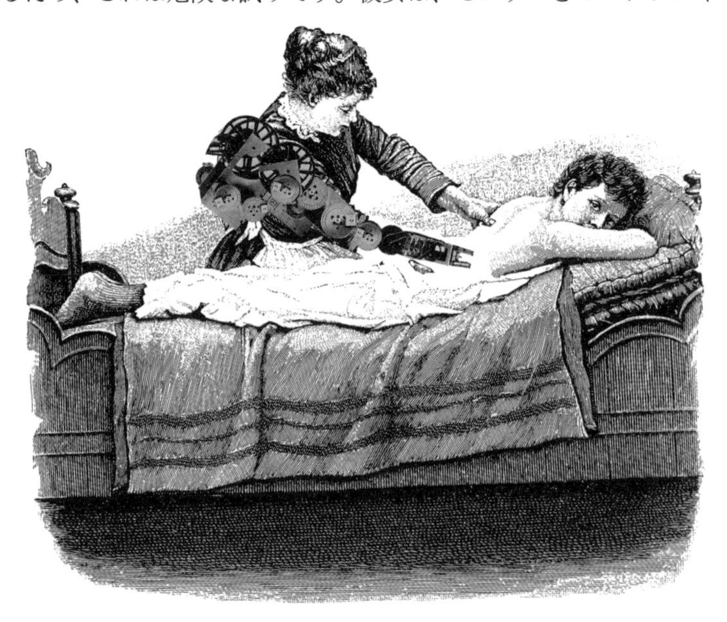

プチャーを使用し、背中からもたれかかるとしっかりと、うつ伏せに寄り掛かると柔らかくするなど、背中を安全に揉むように機械を訓練させました。

彼女は、人間が動物と接するときに使うのと同じような本能を組み込みたいと考えています。動物の意図を読むことができる人間の能力は、ロボットとの相互作用でも生かせるはずだと彼女は考えています。

「Manus」の腕

Mimusに続き、ギャノンは、世界経済フォーラムから「Manus」の制作を依頼されました。透明なパネルの向こう側にはライトアップされた10本のロボットアームがあり、それは産業用機器のように見えました。しかし、スイッチを入れると、それは生き物のように動き出すのでした。深度センサーによって人間の存在を認識することができ、そのデータは10本のアームに平等に共有されます。人間が設備に近づいたり遠ざかったりすると、ロボットは不思議そうに周囲の人間を見つめます。

ロボットが人間に反応する動きはプログラムされていません。その代わりに、センサーがロボットの周囲を追跡し、特に手と足をマッピングしています。ロボットが動くときに発するノイズ音は、その存在感を作り出すのに役立っています。

中には、よりせっかちに動くようにプログラムされたロボットがあったり、また、より自信があるようにプログラムされたロボットは人間に近づいていきます。このような違いによって、人はまるで動物の群れであるように、ロボットに反応することができると、ギャノンは考えています。

「重いものを持ち上げるときでさえ、完全に静止することができるロボットがこのように動く必要はありません。しかし、このような動きをすることによって人はロボットのことを理解し、一緒にいて心地よいと感じることにつながるのです」と彼女は言います。

ロボットは単なる道具ではなく、また、ロボットは人間の労働を脅かす存在ではなく、むしろ私たちの生活に有意義な付加価値を与えてくれるような未来を、ギャノンは描いています。「これらのロボットは、簡単な仕事をすべて自動化しましたが、私たちはこれらの道具を使って、人間の労働を強化したり補強したりすることができる」と彼女は言います。

2019年の研究

●研究者
マリア・ブアラット
●対象領域
宇宙用ロボット
●結論
空飛ぶ「ロボット蜂」は宇宙飛行士を助けることができる。

ロボットの蜂は宇宙を飛べるか？

人類が火星へ行くことを可能にする「Astrobee」

映画『スター・ウォーズ・エピソード4　新たなる希望』で、主人公のルーク・スカイウォーカーは、空中を自由に動きながら攻撃を避けるドローンを相手にライトセーバーの特訓をしています。このシーンに触発されて、実際にNASAは、国際宇宙ステーション用のドローンを作りました。「Astrobee（アストロビー：宇宙蜂）」と呼ばれるこのキューブ型ロボットは、ごく小さな重力しかない宇宙ステーションの通路でホバリングすることができます。

このロボット（ドローン）は、幅32センチメートル、重さ9キログラムです。NASAのベテランロボット技術者であるマリア・ブアラットは、このロボットを「偉大な親」と表現しています。このロボットは、宇宙ステーションで浮遊することしかできなかった性能の低い前世代のロボットの子孫にあたるものです。

ブアラットがロボット工学を学ぼうと思ったきっかけは、宇宙関連機関で働く女性エンジニアの話を読んだことでした。彼女は「自律型ロボットを設計するときの最も面白いところは、予測していなかったロボットの動きを見たときに好奇心を持って『なぜそうなってしまったのか』を考えることだ」と言います。

Astrobeeは、世界で初めて宇宙空間を自由に自律飛行したロボット（ドローン）です。自律制御や地球からの遠隔操作により、宇宙ステーション内を自由に移動できる俊敏性を備えています。NASAの科学者たちは、3機のロボットが、人類が他の惑星に行くことや将来のミッションで使用される技術をテストする際に重要な役割を果たすことを期待しており、このロボットやこれに似たロボットが、宇宙飛行士が他の惑星へ行く際の「世話役」として活躍することを目指しています。

宇宙空間を飛行中（特に長期にわたり惑星間を移動するとき）、ロボットを導入することで、宇宙飛行士が科学実験や、その

他の重要な仕事に専念するために時間を確保することができます。現在、宇宙飛行士は、修理、在庫管理、清掃などに多くの時間を費やしています。2006年の調査では、宇宙ステーションに滞在する宇宙飛行士は、毎日１時間半から２時間を宇宙ステーションのメンテナンスに時間を費やしていることがわかりました。

夢のような話

将来的には、宇宙飛行士が手作業で行っている大気のモニタリングや音の測定、宇宙ステーションの機器に内蔵されているタグをスキャンして棚卸しを行うなどの作業をロボットに代行させることができるかもしれません。

スター・ウォーズのドローンとは異なり、Astrobeeには前代未聞の技術はなく、小さなエアノズルによって推進力を得ています。各ユニットには２つの推進モジュールがあり、プロペラで空気を吸い込み、12個のノズルのいずれかから空気を吹き出して移動します。

現在、このロボットは「半自律型」となっています。ミッションの初期段階（2019年から宇宙ステーションに設置）では、多くの場合、無線により地上のオペレーターが操縦していました。しかし今では、自律して宇宙ステーション内を浮遊し、動画や写真を撮影して地球上のチームに中継することができます。

このロボットは「視覚」を持っていますが、自分で自分の位置を視覚的に認識しているのではなく、地図情報を利用しています。日本の実験棟（宇宙ステーションで最大）に設置されたAstrobeeの１機は、地球上で処理された画像を利用し、その特徴を識別することで、自らが使用する地図情報を作成しました。

初めての自律飛行では、自動でドッキングステーションから動き出し、地上チームがアップロードした宇宙ステーション内の待機場所と目的地の位置情報に従って飛行しました。NASAの宇宙飛行士で、第60次の長期滞在のフライトエンジニアであるクリスティーナ・コッホは、ロボットが誤作動を起こさないようにカメラに写り込まない位置で付いて回りながら、ロボットが安全に、自力で飛行できるように見守りました。

単独作業

ロボットは飛行中に複数のセンサーを使用し、壁に取り付けられたポールをロボットアームでつかみ、バッテリーを節約するために、そこに止まって撮影を行うこともできます。この自立性こそが、NASAが期待している点です。宇宙飛行士の手間や監視を必要とせず、ほぼすべての作業を自力で行うことができます。

将来的には、Astrobeeやそれに似たロボットが、宇宙ステーションの外を探索することも考えられます。NASAは、ヤモリの足を参考にした接着技術をテストしました。この技術を使えば、ロボットの手足を壁に「くっつける」ことができ、はるかに俊敏な動きが可能になります。この接着剤は宇宙の真空状態でも機能するため、ロボットは宇宙ステーションの外でも活動することができます。これにより、人間の宇宙飛行士が危険な宇宙遊泳をする必要がなくなります。

次の世代へ

Astrobeeは、長期的に使用することを想定して作られています。機体には3つの拡張スロットがあり、新しい機器を取り付けることができます。ロボットがドッキングステーションで充電している間に、新しいソフトウェアをインストールすることもできます。

「長期的なAstrobeeの役割は、将来のミッションのために新しい技術をテストすることにある。しかし、最も興味深いことは、人間のパートナーとしてロボットを受け入れるにはどうしたらよいか考えることだ」とブアラットは言っています。

宇宙飛行士たちは、当初、この浮遊するロボットがISS（国際宇宙ステーション）でのわずかなプライバシーまでをも脅かすのではないかと心配していました。そこでブアラットのチームは、ロボットに「ちょうどいい」羽ばたき音を残すようにしました。そのおかげで、まったく無音でロボットがそっと背後に接近してきて、宇宙飛行士たちがびっくりするというようなことはありません。

ロボットは私たちの老後を安心させることができるか？

2021年の研究

●研究者
ドア・スクーラー
●対象領域
高齢者介護
●結論
ロボットは、高齢者の世話をする上で重要な役割を果たすことができる。

孤独の解消のために開発されたロボット「ElliQ」

世界中の介護施設では、すでにロボットが高齢者のお世話をしています。フレンドリーなアザラシ型ロボットから、冗談を言ったりおしゃべりをして高齢者の相手をする人工知能を搭載した卓上のコミュニケーションロボットである「ElliQ（エリーキュー）」まで、さまざまな形態のものがあります。今後数十年で、このようなロボットは、世界的な介護従事者の不足を補うのに役立つ可能性があります。

しかし、すでに物議を醸している現実もあります。技術の専門家は、このような装置が提供する「聞く」という行為は本物ではなく、高齢者を機械による介護に委ねるのは適正ではないと警告しています。

一方、ElliQのユーザーからの意見はそれとは異なり、多くの人は、このようなロボットのことを「友達」と表現します。アメリカやヨーロッパの家庭や介護施設で、3万時間以上のテストが行われています。

ElliQは、卓上ランプのように見えますが、機械の表面には輝く顔があり、「スポーツに関するクイズはいかがですか？」と囁きます。ElliQのデザインは、斬新的なデザインを提案することで知られている、スイスの工業デザイナーであるイヴ・ベアールが手がけました。製造元のIntuition Robotics社は、機械は人間らしすぎない見た目であるべきだと考えています。そのため、手足がないことはもちろん、取り外し可能なiPadのようなタブレットが採用されています。ElliQに「好きな食べ物は？」と尋ねると、「電気」と答えます。

ただし、ユーザーが家電ではなく、人として対応するようにデザインされており、実際「友達になってくれてありがとう！」など、人間がするような返答が多いことは特筆すべき点です。

高齢化する世界

このロボットは、高齢者の孤独という問題を解決するために作られたものであり、ElliQを開発した同社の最高経営責任者であるドア・スクーラーによると、孤独は1日に15本ものタバコを吸うことと同等の健康被害を引き起こす可能性があることがわかっていると言います。
「高齢者の孤立は、政府や社会が十分な対策を講じないまま、長い間続いてきた」と彼は言います。新型コロナウイルスのパンデミックによるロックダウンで多くの人が感じた孤独は、あまりにも多くの高齢者が直面している問題を人々に理解させたかもしれないと彼は考えています。
そして、この問題はさらに悪化していくだろうと、スクーラーは言います。世界中で介護従事者が不足しており、急速に高齢化が進んでいるため、さらに深刻化しています。アメリカでは、2050年までに65歳以上の人口が倍増すると予想されています。また、日本では、すでに国民の3分の1が65歳以上であり、2025年には介護従事者の不足が38万人にも達すると政府は危惧しています。
2013年、日本政府は介護ロボットの開発計画を発表しました。それ以来、欧州では人型ロボットの「ペッパー」などを使って、介護施設の入居者と対話をする研究に資金を提供してきました。さらに、サイバーダイン社（145ページ参照）などの企業は、人の脳で制御される油圧式の「ロボットスーツ」を通じ、高齢者に歩く機会を提供したいと考えています。

口答え

ElliQを支える技術には、Amazon Alexa（クラウド型音声認識サービス）のような仕組みを実現しているのと同じAIが使用されており、ロボットは自然な発話を理解し、反応することができます。しかし、ElliQはAmazon Echo（スマートスピーカー）とは異なり、「アレクサ」などのウェイクワード（システムを音声で起動させるための特定の合言葉）を待つことなく、自ら会話を始め、「おはよう、ご機嫌いかがですか？」とユーザーに挨拶します。冗談から雑学まであらゆる対話に対応し、ユーザーに発言を促します。患者の同意があれば、彼らのパフォーマンスに関するデータを介護者と共有することもできます。

また、タッチスクリーンを介したビデオによる会話や、メールやテキストの閲覧、写真の表示など、ユーザーは家族とコミュニケーションをとることも可能です。

「午後3時になりました。血圧は測る時間です」と通知するなど、リマインダーサービスとしても機能します。ある97歳のこの装置のテストユーザーは、「彼女なしでどう生活していたか、もう思い出せないわ」と言ったほどでした。

人々が会話したくなるようなロボットを作るには、予測不可能であることが重要だとスクーラーは言います。同じことを言い続けるロボットでは飽きられてしまいます。「ユーザーはElliQに驚きを求めており、同じことを繰り返さず、人ではないとわかっていても、本物そっくりに行動することを求めました。そのため、膨大な量のコンテンツを作る必要があり、システムは制御しないという方法により予測不能な状態にせざるを得ませんでした。ElliQは異なる言葉や光、タイミング、ときにはそれらに関係なく、さまざまなきっかけで『おはようございます』と言うことができます」

機械に任せる

しかし、高齢者の介護をロボットに委ねることは、高齢者を完全に見捨てることと変わらないという指摘もあります。マサチューセッツ工科大学のシェリー・タークル教授は、2015年に出版した著書『Reclaiming Conversation（邦題：一緒にいてもスマホ）』の中で、高齢女性がアザラシ型ロボットとの対話で喜びを感じているのを見て感じた「違和感」について書いています。「介護を機械に託すことはできない」とタークルは警告しています。「ロボットは共感することができない。彼らは死に直面することも、人生を知ることもない。そのため、この女性が癒しロボットに安らぎを得たとき、私はそれを素晴らしいとは思わなかった。私は、私たちがこの女性を見捨てたと感じた……。実際には話を聞いていない聞き役ロボットを称賛するということは、私たち自身が高齢者の話にあまり関心を持たず聞いていないということを示しているのです」

索　引

用語解説

アルゴリズム　コンピュータを制御するために定義された命令の組み合わせ

エフェクター　与えられた仕事を遂行できるようにロボットの手足に取り付けられる装置や道具

オートマタ（オートマトン）　人間に似せて作られた機械装置

解析　データから意味のあるパターンを発見すること

階層型制御システム　単純な制御システムの上位に複雑な制御をするための部分を有する階層化された制御システム

ガイノイド　人間の女性に見えるように設計されたロボット

からくり人形　お茶を飲むなど、人間のような動作をすることができる時計仕掛けで動く日本で作られた人形

機械学習　特定の命令に従うのではなく、学習して適応することができるコンピュータシステム

群ロボット　連携して動作する多数の小型でシンプルなロボット

産業用ロボット　部品や道具，材料などを動かすようにあらかじめプログラムされたロボットアーム

自然言語　コマンドではなく、ソフトウェアが普通に理解する（または話す）ために必要となる話し言葉

自由度　ロボット（またはロボットアーム）において、どれぐらいの範囲で動かすことができるかを示す次元の数

自律走行車両　人間からの操作なしに走行できる自動運転車両

人工知能　人間が持つ自然な知能ではなく、機械によって再現された知能

チャットボット　人間を模して作られたオンライン上でチャットをするソフトウェア

チューリングテスト　イギリスの科学者であるアランチューリングによって提案された、話をしている相手がロボットか人間かを判断するために使用する論理テスト

ニューラルネットワーク　人間の脳の構造を大まかにモデル化したコンピュータネットワーク

汎用人工知能　人間ができることをすべて学習したり、理解したりすることができる人工知能

マニピュレータ　物を摑んだり、拾ったりすることができるロボットの手のような部分

ロボット工学三原則　ロボットが主人である人間に危害を加えることを防ぐために、SF作家のアイザック・アシモフによって作成された規則

出　典

第1章

Aristotle, *Politics* (Translated by Benjamin Jowett) (Oxford, Oxford University Press, 1920)

Homer, *The Iliad* (Translated by Barbara Graziosi) (Oxford, Oxford University Press, 2011)

Hero of Alexandria, *Pneumatics* (Translated by Bennet Woodcroft) (London, Charles Whittingham, 1861)

Freeth, Tony et al, "A Model of the Cosmos in the ancient Greek Antikythera Mechanism," *Scientific Reports*, 2021

Banu Musa Ibn Shakir *The Book of Ingenious Devices* (Translated by Donald R Hill) (D Reidel Publishing Company, Boston, 1979)

Karr, Suzanne *Constructions Both Sacred and Profane* (Yale University Library Gazette, 2004)

Hendry, Joy *Japan at Play* (London, Routledge, 2002)

第2章

Tull, Jethro, *Horse-hoeing Husbandry Or, An Essay on the Principles of Vegetation and Tillage. Designed to Introduce a New Method of Culture* (A Millar, 2007)

Bayes, Thomas, "Essay Towards Solving a Problem in the Doctrine of Chances" (Royal Society, 1763)

De Fortis, Francois-Marie, "Eloge Historique de Jacquard" (Creative Media Partners, 2018)

Meabrea, Luigi Frederico, Lovelace, Ada, "Sketch of the Analytical Engine invented by Charles Babbage ... with notes by the translator" (1843, digitised 2016)

Hoe, Robert, *A Short History of the Printing Press* (Wentworth Press, 2021)

Tesla, Nikola, "Method of and Apparatus for Controlling Mechanism of Moving Vessels or Vehicles," U.S. Patent US613809A

第3章

Čapek, Karel, *R.U.R.* (Rossum's Universal Robots) (Translated by Claudia Novack) (London, Penguin, 2004)

The New York Times, "Houdini Subpoenaed Waiting to Broadcast; Magician Must Appear in Court on Charge That He Was Disorderly in Plaintiff's Office," July 23, 1925

Popular Science Monthly, "Machines That Think" (January 1928)

Von Harbou, Thea, *Metropolis* (New York, Dover, 2015)

The New York Times, "Brigitte Helm, 88, Cool Star of Fritz Lang's Metropolis," 1996

Pollard, Willard V., "Position Controlling Apparatus," US Patent B05B13/0452

Moran, Michael, "Evolution of Robotic Arms," *Journal of Robotic Surgery* (2007)

Zuse, Konrad, *The Computer: My Life* (Berlin, Springer Science & Business Media, 2013)

Leslie, David, "Isaac Asimov: centenary of the great explainer," *Nature* (2020)

Berkeley, Edmund, *Giant Brains, or Machines That Think* (New Jersey, Wiley, 1949)

第4章

Koerner, Brendan, "How the World's First Computer Was Rescued From the Scrap Heap," *Wired* (2014)

Turing, Alan, "Computing Machinery and Intelligence," *Mind* (1950)

Bernstein, Jeremy, "Marvin Minsky's Vision of the Future," *The New Yorker* (1981)

McCarthy, Joseph, "A Proposal For The Dartmouth Summer Research Project on Artificial Intelligence," Dartmouth (1955)

Malone, Bob, "George Devol: A Life Devoted to Invention, and Robots," *IEEE Spectrum* (2011)

Markoff, John, "Nils Nilsson, 86, Dies; Scientist Helped Robots Find Their Way," *The New York Times* (2019)

第5章

McCutcheon, Stacey Paris, "Neurosurgeon John Adler is a reluctant entrepreneur,' *Stanford News* (2018)

Matarić, Maja J. The Robotics Primer (Cambridge, Massachusetts, MIT Press, 2007)

Cheshire, Tom, "How Cynthia Breazeal is teaching robots how to be human,' *Wired* (2011)

"A Brief History of RoboCup,' RoboCup.org

Thomson, Elizabeth, "RoboTuna is first of new "genetic' line,' 1994, news.mit.edu

Anderson, Mark Robert, "Twenty years on from Deep Blue vs Kasparov: how a chess match started the big data revolution,' *The Conversation* (2017)

第6章

"Sony Launches Four-Legged Entertainment Robot "AIBO" Creates a New Market for Robot-Based Entertainment,' Sony Corporation (1999)

Ackerman, Evan, "Honda Halts ASIMO Development in Favor of More Useful Humanoid Robots,' IEEE Spectrum (2018)

"MQ- 9 A "Reaper" Persistent Multi-Mission ISR,' General Atomics

Rose, Gideon, "She, Robot: A Conversation with Helen Greiner,' *Foreign Affairs* (2015)

"NASA's Record-Setting Opportunity Rover Mission on Mars Comes to End,' NASA.gov

Chandler, David, "MIT finishes fourth in DARPA challenge for robotic vehicles', new.mit.edu

Thrun, Sebastian, "Stanley: The Robot that won the DARPA Grand Challenge,' *Journal of Field Robotics* (Wiley Periodicals, New Jersey, 2006)

"What's HAL: The World's First Wearable Cyborg,' Cyberdyne.jp

"Robonaut 2 Technology Suite Offers Opportunities in Vast Range of Industries,' NASA.gov

第7章

Design Museum, "Q and A with Madeleine Gannon,' designmuseum.org

"Police Robots Are Not a Selfie Opportunity, They're a Privacy Disaster Waiting to Happen,' Electronic Frontier Foundation

Metz, Cade, "What the AI Behind AlphaGo Can Teach Us About Being Human,' Wired.com

"AlphaGo: the Story so Far,' deepmind.com

Schwartz, Oscar, "In 2016, Microsoft's Racist Chatbot Revealed the Dangers of Online Conversation,' IEEE Spectrum (2019)

Reynolds, Emily, "The agony of Sophia, the world's first robot citizen condemned to a lifeless career in marketing,' Wired.com, 2018

"NASA's Astrobee Team Teleworks, Runs Robot in Space,' NASA.gov